U0162247

Simon Newcomb

Astronomy For Everybody

Astronomy

通俗天文学

[美] 西蒙·纽康 / 著

陈子鹏 / 译

天津出版传媒集团

天津科学技术出版社

目录

Contents ▼

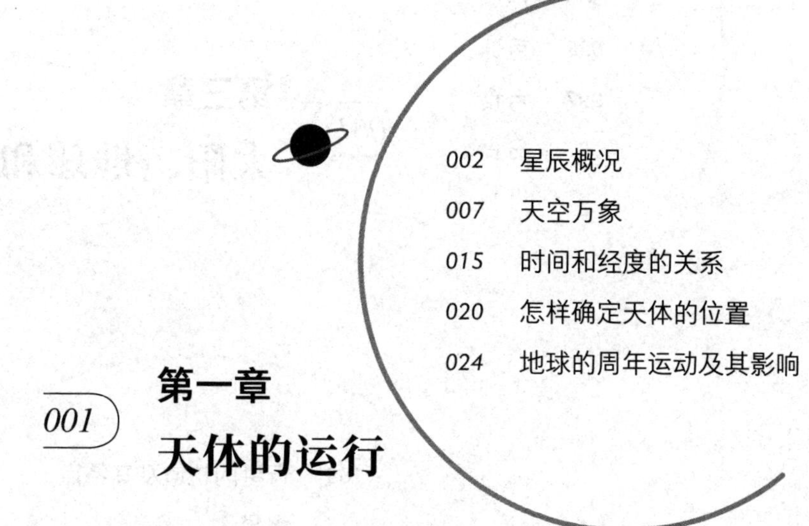

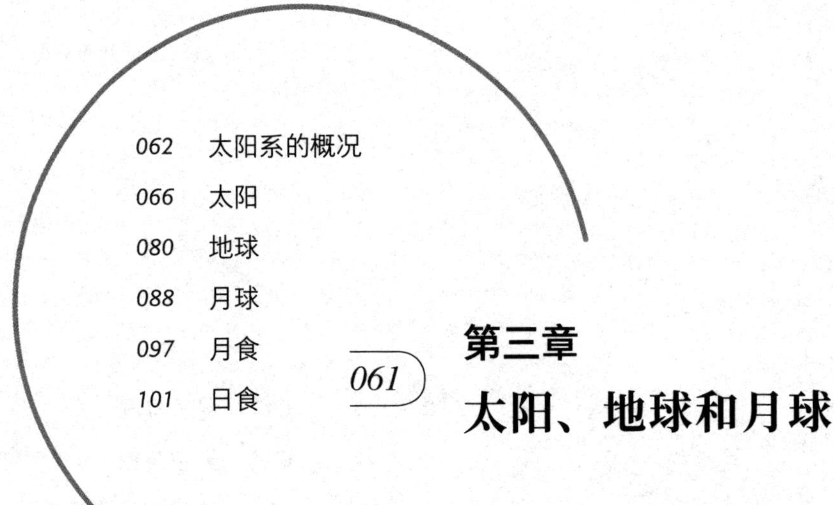

183 第五章 彗星和流星

205 第六章 恒星

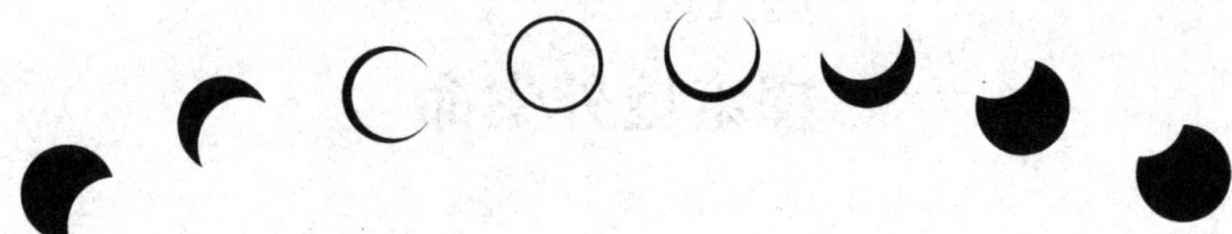

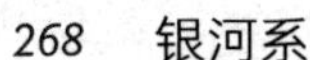

267 第七章 星系和宇宙

297 第八章 探索地外生命

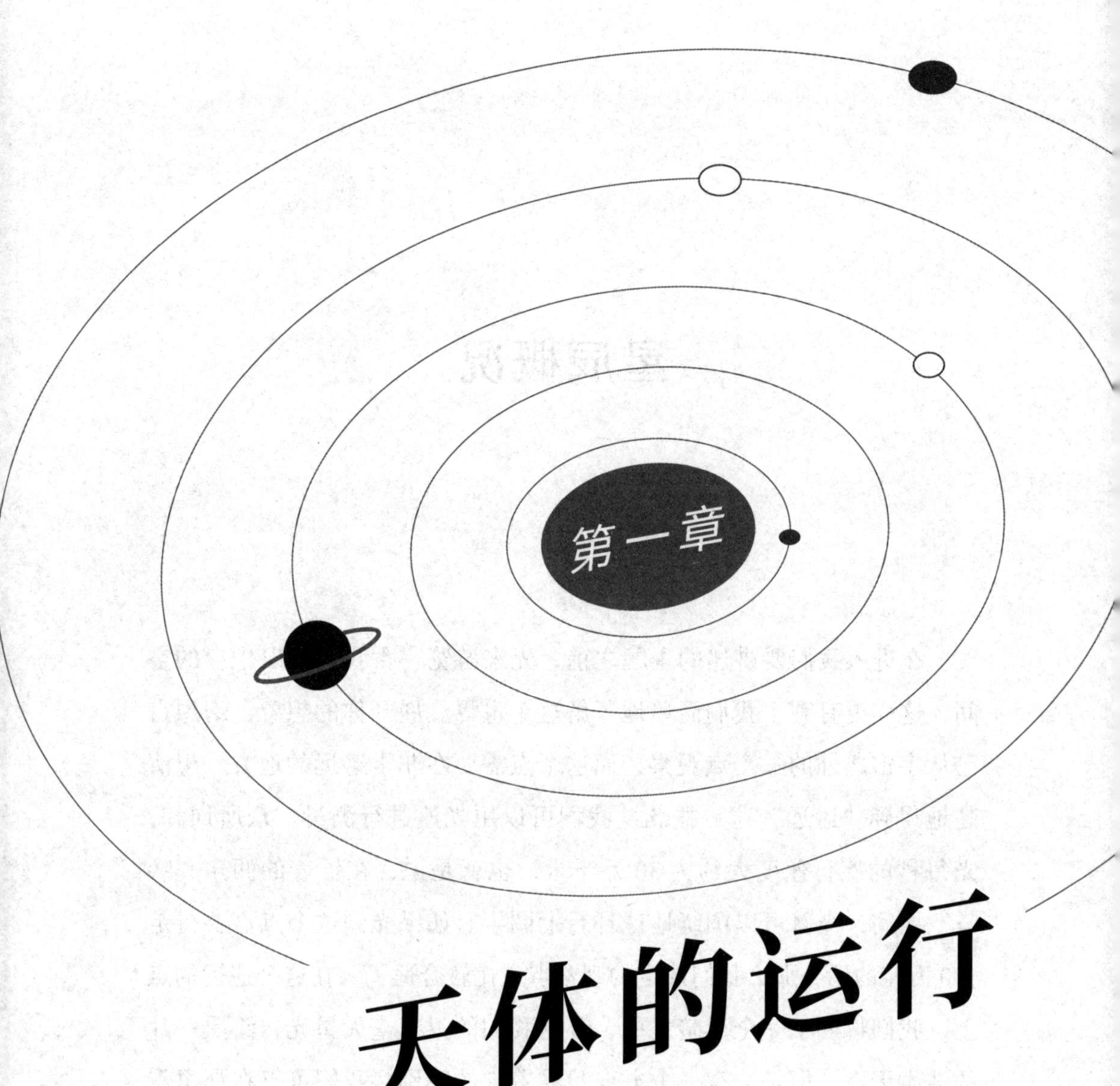

第一章

天体的运行

星辰概况

在进入我们要讲述的主题之前，先来游览一番我们赖以生存的空间，这样更有利于我们简单地了解这个世界。展开你的想象，幻想自己从宇宙之外的一个点观察，而这个点需要在非常遥远的地方。想清楚地得到“遥远”这一概念，我们可以用光速进行测量。众所周知，光每秒的疾行速度大约为 30 万千米，也就是说，在钟表的两声“嘀嗒”之间，光就可以围绕地球环行七圈半。如果光到这个点需要行走 100 万年的话，那么我们选定的观察点就比较合适了。在这个遥远的点上，我们将处于完全黑暗之中，环抱我们的只有毫无星光、漆黑一片的浩渺天空。但是，有一个方向显露着它的特别，我们可以在那里看到一大片微弱的光，就像黎明前的一缕曙光，又犹如一片微云，占据着天空的一部分。其他方向似乎也有同样的斑驳光影，但并不是我们现在要讨论的。前面说到的那片光，那片“宇宙微光”才是我们的兴趣所在。飞向它，该用多快的速度可想而知，至少要比光速快 100 万倍才可能在一年之内到达那里——当然，这仅仅是一个思维游戏，事实上没有任何东西可以超越光速——我们离它越近，它在黑暗天空中就展开得越大，直至覆盖了天空的一半，仅余我们身后的一片漆黑。

在到达这一阶段之前，我们可以看到在那片光雾之中出现了许多闪烁着珍珠般光亮的小点。继续向前飞行，这样的光点愈渐增多，不断地与我们擦肩而过并远远消失在身后，更多新的光点迎面而来，如同乘客在飞驰的列车上看到窗外不断掠过的风景与房屋。于是，身处其中的我们逐渐发现，这些光点就是夜晚看到的散布在天空中的星斗。如果我们用之前预想的超高速度穿越整片光云就会发现，除了散布在黑丝绒般的空中的各种色彩和形状的光雾与光云外，其他什么都没有。

但是，我们并不会急匆匆地穿越美丽的光云，而是先选择一颗星星，将我们的速度减缓，从而可以仔细地观察它。这只是一颗小小的星星，随着我们接近，它变得越发明亮起来。一段时间之后，如暗夜烛火；又一段时间之后，似乎可以映出影子；再过一段时间，它的光已经可以照亮书本了；又过了一段时间，星星的亮光耀眼夺目，热力如太阳一般。是的，它就是太阳！

接下来，我们再选定一个位置，对于我们刚刚的旅程而言，这个位置就在太阳的旁边，不过按普通的计量单位计算却已经在几十亿千米之外了。现在，我们仔细环顾四周，便能看到八颗如星星般的光点远近不同地分布在太阳周围。如果我们长时间观察这些光点，就会发现它们都在围绕着太阳运行，且绕行一周的时间长短不一，有的只需 3 个月，有的却要 165 年。这些光点与太阳距离的远近也有着巨大差异，最远的一颗比最近的一颗远大约 80 倍。

这些如星星般的东西就是行星，只要我们认真观察就会发现它们与恒星的不同——它们都是不透明的黑暗物体，不发光，只能借助太阳的光。

我们接着观察其中一颗吧。根据它们距离太阳远近的次序，我们选择了第三颗行星。从上方接近这颗行星——也就是从它与太阳的连线成直角的地方，越靠近，它就变得越大越明亮。当距离非常接近时，它看起来就像半轮明月——一半在太阳的照耀下异常明亮，另一半则隐于黑暗之中。再接近一些，被太阳照亮的部分持续扩大，并呈现出斑驳的光点。逐渐再扩大一些，斑驳的光点就化成了海洋和陆地，大约有一半表面被云遮住而看不到；隐在黑暗中的那部分，也呈现出一些不规则分布的明亮斑点，闪耀着如钻石般的光芒，这是人类在地球上的杰作——城市灯火。我们关注的这个表面在眼前不断延展，慢慢覆盖了越来越多的天空，直到最后我们看出这就是全部世界。我们落在上面，回到了地球。

上文讲述的这些，让我们了解到，飞越天空时凭肉眼看不到的那个点，当我们接近太阳时，它就成为一颗星；更接近一些，会发现那是一颗不透光的球体；最后，它成了我们现在居住的地球。

这趟想象的飞行旅途让我们明白了一个重要的事实：夜空缀满的星星大多数都是恒星，都是太阳。换句话说，太阳只是其中一颗恒星。相比之下，太阳还是同类恒星中较小的一颗，有很多恒星发出的光和热是太阳的几千甚至上万倍。倘若仅从恒星固有的内在价值来评价群星，那么看起来光芒万丈的太阳着实没有足以超越其亿万同类的杰出方面。我们之所以强调太阳的重要性以及它在我们眼中的伟大程度，都源自我们与它之间一种偶然的关系。

以上就是我们对这一伟大宇宙星辰系统的描述。从地面上看到的现象与想象飞行中的后半段看到的类似，天空中散布的繁星正是我们想象飞行中见到的那些星辰。我们从地面的位置仰望天空，与我们在遥远星空中的某一点上观测天空，其最大的区别就在于太阳和行星所处的突出位置。白天，太阳的万丈光芒遮蔽了漫天星辰。假设我们能在更广阔的区域截住太阳的光芒，就能看到星辰日日夜夜在空中闪烁。这些天体围绕在我们周围，恍然间地球就好似巍然立于宇宙中心，而这恰好符合我们祖先的猜想。

什么是宇宙

我们可以把在天空中看到的与在前面了解到的宇宙最大限度地联系起来。我们称宇宙空间物质的存在形式为天体，天体可以分为两类：一类由万千星星组成，它们的排列方式和外观与我们前面讲的一样；另一类则以一颗星星为核心，其他星星受它的某种力量影响而围绕它，这是所有天体中对我们来说最重要的一类。以太阳为中心主星，许多小星星环绕太阳而构成的一个星群被称为太阳系。太阳系有一个主要特征——与宇宙中众多星辰间令人惊叹的距离相比，它的范围实在太小了。以我们现在的了解，太阳系周围的辽阔空间什么都没有。即便我们可以从太阳系的一边飞越到另一边，并不会缩短前方的星星与我们的距离；即使到了太阳系的边缘，我们看到的星座形状也与从地面上看到的完全一样。

天体的大小和距离可以帮助你描摹出宇宙大致的样子，但我不想在这里列举太多数字，我们不妨来做一个宇宙模型，或许更有助于我们建立起概念上的认识。首先，在这个宇宙模型中，我们把居住的地球设想为其中的一粒芥子，对照这个比例，月球就只是仅有芥子直径

1/4 大小的一粒微尘，位于距离地球 2.5 厘米远的地方。我们再用一个大苹果来表示太阳，把它放在距离地球 12 米远的地方。至于其他行星，大小各不相同，从肉眼不可见的微尘到一粒豌豆都有，它们与太阳之间平均有着 4.5 米到 360 米的距离。我们可以想象一下，这些小东西开始围绕太阳慢慢旋转，如我们前面所讲，它们旋转一周所用的时间也不同，从 3 个月到 165 年不等。芥子（地球）每年围绕大苹果（太阳）转一圈，月亮会像好朋友一样陪着它绕大苹果（太阳）旋转一圈，同时，月亮还会绕着芥子（地球）旋转，一个月旋转一圈。

按照这个比例可以计算出，我们做的太阳系模型可以平放在 2.6 平方千米范围之内。在这个范围之外，即使我们能飞越比整个美洲大陆还宽广的距离，也看不到任何东西，偶尔只有一些彗星散布在模型边界。在更遥远的地方，我们还会碰到一颗最接近的恒星，这颗恒星就像我们的太阳，同样可以用一个苹果来表示。再远一些，还有这样的星系分布，但它们之间的距离基本和太阳与最接近它的恒星的距离一样。不过，按照我们的模型比例，在地球这么大的地方，能容纳下的也只有两三颗星星。

由此可知，在之前设想的宇宙空间中飞行时，像地球这么小的东西很容易被我们忽视，即使仔细搜寻，也不一定能够找到它。我们就好比在密西西比河谷上空飞行的人，想看清楚美洲大陆某个地方的一粒芥子。即使是那个代表光芒万丈的太阳的“大苹果”，也完全可能被忽视，除非它刚好离我们很近。

天空万象

星辰之间的距离太过遥远，仅凭我们的肉眼很难对宇宙的大小有一个清晰的认识，即便脑洞大开、充分想象也估算不出我们距离这些天体究竟有多远。如果我们能够通过眼睛发现星辰之间的距离，能够一眼看到恒星和行星表面的特征，那么宇宙的秘密早在人类开始对天空进行研究时就被发现了。只要稍加思考就会明白，如果我们站在距离地球足够远的地方，例如在地球直径 1 万倍的高空，我们将看不清地球的大小，在太阳的照耀下，只能看到一个一闪一闪的小点，与天上的其他星星一样。古人应该想象不出这样的距离概念，因此，他们一直认为所见的天体与地球截然不同。哪怕到了现代，我们仰望天空时，仍然不敢相信恒星比行星遥远千百万倍这个事实。看起来，所有星星似乎都分布在同一片天空。我们必须运用逻辑学和数学的原理，才可以真正了解天体真实的分布和距离的远近。

就是因为这样，我们才对天体之间距离的遥远没有认知，也就难以在心中形成与它们真实关系相符合的图像。所以，读到这里，我提醒你们一定要集中注意力和想象力，如此，我才能够把这些复杂的关系尽可能用简单的方法表达出来，这对大家理解星辰的真实情况大有助益。

假设我们能将地球从脚下移走，让自己悬浮在半空中，就会看到太阳、月亮、行星和恒星环绕在我们周围，上下左右、东西南北都有。除此之外再也看不到其他别的什么了，而且如同我们之前所讲，这些天体看起来都与我们保持着相同的距离。从中心点以同样距离向周围分散在各个方向上的所有点，都一定位于同一个球面上，而所有天体就好似被安置在这个球面上一样。

天文学研究的对象是天体相对于我们的方位，我们看到的球体就仿佛真实存在于天文学中，这就是所谓的“天球”（celestial sphere）。在这种假设的基础上，地球不在我们脚下了，那么天球上的所有天体就都会停止运行，时间一天天过去，恒星停留在那里似乎丝毫不动。但只要认真对行星进行观察，我们便会发现，它们在几天或者几周内（观测的时间由各自情况而定）在悄悄地围绕太阳运行。这种情况并不能被马上发现。我们首先想到的，是这个天球由什么构成，那些天体又为什么可以固定在它的内部表面。古人应该也考虑过这个问题，他们将这个观点修正得更符合实际情况，也由此想象出许多天球嵌套在一起，从而形成天体的不同距离。

好了，让我们再把地球搬回来吧！接下来要考验一下大家的想象力，地球与天空的大小相比，仅仅是一个小点；但如果我们将它放在适当的位置上，它的表面就会遮挡住我们眼中的一半宇宙。就好像我们把一个有虫子的苹果放在房间，在小虫的眼中看到的就是被苹果挡住一半的房间。地平线上一半的天球是可以看到的，我们称它为“可见半球”（visible hemisphere）；而另一半在地平线下被地球挡住的天球，则被称为“不可见半球”（invisible hemisphere）。当然，如果你想看到另一半球，通过环球旅行改变你在地球上的位置就可以了。

了解了前面这些情况，我要再次提醒大家集中注意力了。你们一定知道地球不是静止的，而是围绕着中心轴时刻转动，这样的旋转会让整个天球看起来似乎是在自东向西转。地球的这种自转和由此导致的星辰视觉转动被称为“周日运动”（diurnal motion），因为它们是一日一周的运动。

星辰的每日视转动

接下来我们再来了解一下，地球自转这一简单概念与由此引起的天体周日视运动表现出的复杂现象之间的联系。天体周日视运动因观察者在地球上选择的纬度不同而不同。

我们首先从北纬中部地区开始观察。为了更好地得到答案，我们还是先想象出一个天球，一个内部空间足够大的空球，大小与摩天轮类似，直径约 10 米。如图 1–1 所示，这个空球被固定在转轴的两点（P 和 Q）上，从而使空球可以倾斜转动。O 是中心点，上面放着一个平面盘子 NS，我们就位于这个平面盘子上。星座则位于空球内部，并分布于整个内表面，空球的下面一半也有星座，只是被平面盘子遮住，我们无法看到。这个平面盘子表示地平线。

我们让这个大空球围绕轴点转动起来，就会看到轴点 P 附近的星星也围绕着 P 点旋转。K 点到 N 点这个圆周上的星星会随着空球的旋转擦到平面盘子的边缘。而那些距离 P 点更远的星星会掉落到平面盘

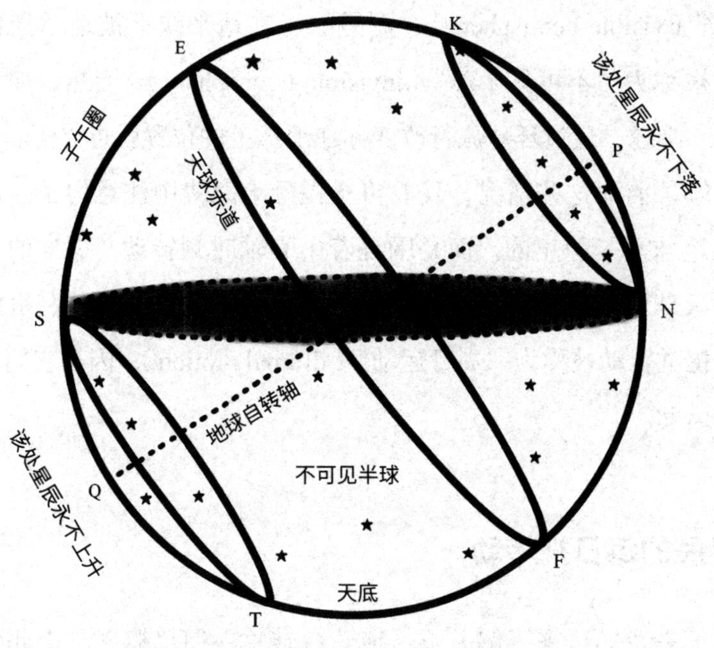

图 1-1　想象中的天球

子的下面，掉落的远近程度与它们到 P 点的距离有关。靠近 EF 圈的星星则在 P 点和 Q 点中间，当空球开始旋转，它们附近的星星一半在平面盘子的下面，一半在平面盘子的上面。而 S 点到 T 点这个圆周上的星星却不能转到平面盘子上面来，也就是说，我们永远看不到它们。

天球在我们眼中就是这样一个球体，只是无穷大而已。看起来它似乎一直在围绕天空中的一点不停旋转，太阳、月亮和星星都随其转动。星辰之间保持着它们的相对位置，如同固定在旋转的天球上。如此也就意味着，如果我们想在夜间的任何时刻为星星拍摄一张照片，那么只要我们掌握了正确的方位，它们在其他时间还会处于照片中相同的位置。

继续回到图 1–1，我们将转轴上的 P 点称为“天球北极”（north celestial pole）。对于居住在北纬中部的人们（我们大部分人都住在这里），“天球北极”是在北天上，几乎接近顶点和北方地平线的中心。我们居住的地方越靠南，北极也就越靠近地平线，它离地平线的高度恰好与观测者所在地的纬度一致。距离北极最近的一颗星就是我们常说的北极星（Polaris），关于如何寻找它，我们将在后面详细介绍。如果是一般的观测，北极星几乎一直停在那里，并没有怎么移动。它与北极的夹角也仅有 1° 多一点，但我们现在不用去讨论这个差异。

正对着天球北极的是“天球南极”（south celestial pole），它位于地平线的下方，与北极到地平线的距离相同。

显而易见，从我们所处的纬度看到的周日运动是倾斜的。当太阳从东方冉冉升起时，它看起来并不是从地平线上一直升起，而是沿着斜向南方与地平线呈一个锐角来运动。所以，当它落山时，运动的轨迹也是以同样倾斜的角度向地平线靠近。

假设我们手中现在有一个很大的圆规，大到可以接近天空。我们把圆规其中一只脚固定在天球北极，另一只脚则放在天球北极下面的地平线上。固定在天球北极那只脚保持不动，用另一只脚在天球上画出一个完整的大圆圈。这个圆圈的最低点正好与地平线相连，从我们居住的北纬地区看过去，它的最高点已经快要接近天顶了。这个圆圈上面的星星是永远不会坠落的，看起来它们只是每天围绕北极转一圈，因此也被称为“恒显圈”（circle of perpetual apparition）。

在这个圆圈以外，靠近南面远处的星星升起又落下，但是越靠南的星星，它们每天在地平线上走过的路程就越少，直到最南方的一点上，几乎就看不到了，星星只会在地平线上一闪而过。

从我们所在的纬度看过去，更靠南的星星根本不会出现。这些星星都在一个“恒隐圈”（circle of perpetual occultation）内，这个圈以天球南极为圆心，与恒显圈以天球北极为圆心一样。

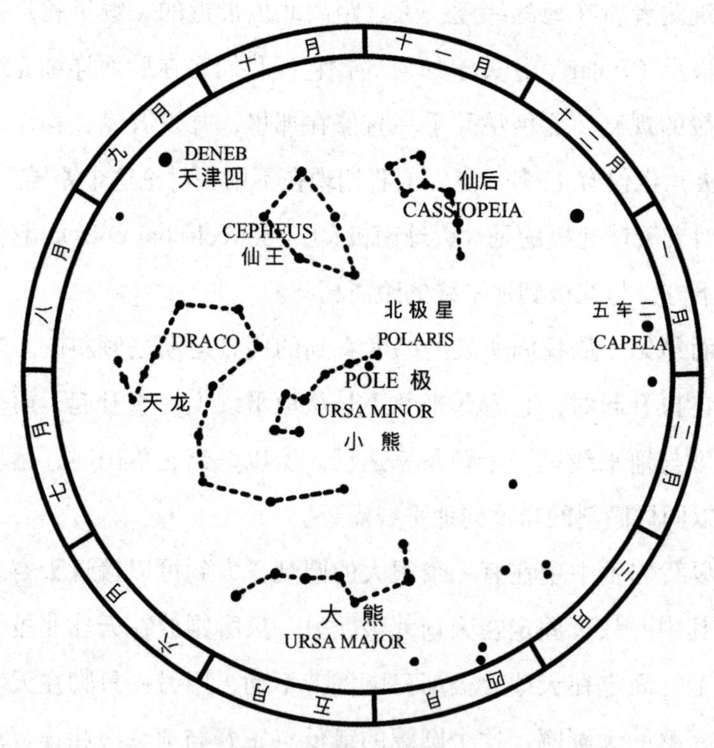

图 1–2　恒显圈内北天主要星座

我们来看一下图 1–2，这是一个可以从北方观察到的恒显圈内北天上的主要星座。如果将适当的月份转到对应的顶上，我们就能在当月晚上的八点左右看到北天中的星座。图中还标出了寻找北极星的方法，就是利用大熊星座七颗星星（Ursa Major，俗称北斗七星）中的“指极星”（Pointers）的延长线，可以在其所指的方向上找到北极星。

现在，让我们改变角度看看会发生什么变化，如果我们是向赤道的方向旅行，那么地平线的方向会随之改变。在途中，我们还将发现北极星渐渐下落。我们距离赤道越来越近，北极星也将越来越接近地平线，我们到达赤道时，北极星就到达地平线上了。我们之前讲到的恒显圈也自然会越来越小，在我们到达地球时，恒显圈完全消失在赤道上，南北方向的地平线上是天球的两极。这里的周日运动与我们讲到的大不相同。太阳、月亮和星辰一同升起。如果有一颗星刚好从正东方升起，它一定会经过天顶；天上升起来的偏南的星星，一定将经过天顶南边；而从偏北升起的星星自然会经过天顶北边。

继续向南，到达南半球。我们就会发现，虽然太阳是从东方升起，通常却经过天顶的北面横过中天。南北两半球最主要的不同在于：既然太阳是经过天顶的北面横过中天，那么太阳的视运动就与我们所处的地方不同，并不是和钟表上的时针运动方向一样，而是恰好相反。在南纬中部地区，看不到我们熟悉的北天星座，它永远在地平线以下，天空中都是我们没见过的新的南天星座。其中一些还以美丽壮观著称，例如南十字星座。事实上，人们通常认为南天上的星座比北天上的更美丽、更多。但这一观点已被证实并不准确。经过对这些星辰的仔细研究和计算，我们发现南天和北天拥有的星星数量基本相同。之所以会产生这样的错觉，或许是因为南半球的天气相对晴朗，南半球非洲大陆和美洲大陆的空气中烟雾含量比北半球少，加之气候干燥，因此南天上的星星看起来更为繁多。

我们在前面讲过的北天星辰绕着天极的周日运动同样适用于南天。

不过，南天极没有南极星，所以无法辨别天球南极的位置。尽管南天极周围分布着一些小星星，但远不如天空中其他位置的星星那样密集。南半球当然也是有恒显圈的，并且越向南圈越大。这进一步说明，南天极周围也围绕着一圈永远不会坠落的星星，并一直围绕南天极旋转，旋转的方向也和北天极的星星相反。相对来说，当然北半球也有其恒隐圈，北极附近的星星就在这个圈内，这些星星在我们所处的北纬上也是永不坠落的。我们只要越过南纬 20°，就完全看不到小熊座（Ursa Minor）上的任何天体了，再向南，大熊星座也只在地平线上露出一小部分。

如果我们的旅行继续向南，就将告别星辰的升落，因为那些星辰围绕天空的运行轨迹是平行的，轨迹的中心——也就是南天极，与天顶重合。这种情况也同样发生在北天极。

时间和经度的关系

众所周知，地球表面一条由北向南经过某地的线被称为该地的子午线。再准确一点，地球表面的子午圈是连接南北两极的半圆。这个半圆从北极向各个方向扩散，从而让我们能够画出经过任何地点的子午线。国际公认的计算经度的起点是格林尼治皇家天文台的子午线，大多数地区的时间也是以此为据设定的。

与地球上的子午圈相对应的是天球上的子午圈（就是地球上的子午圈在天球上的投影）[1]，天球上的子午圈起始于北天极，通过天顶，并在最南的一点与地平线相交，再向南最后到达南极形成半圆。地球是围绕地轴旋转的，天球上的子午圈与地球的子午圈也随之一起转动，这样，天球上的子午圈在一天内能运行经过整个天球。而在我们眼中，天球上的每个点在一天之内都会经过子午圈。

1　本书中的楷体文字为编译者添加或修订的内容。

太阳经过子午圈的时刻，就是我们惯称的中午。在现代计时工具还没有出现之前，我们的祖先是根据日照的高低来制定时间的。可是，由于黄道倾斜角和地球绕日轨道的偏心率的影响，太阳连续两次经过子午圈的间隔时间并不完全相同。换言之，如果计时工具准确，那么太阳从子午圈经过的时间有时会是 12 点之前，有时则是 12 点之后。只要理解了这个道理，那么区分视时（apparent time）和平时（mean time）就不再是一个难题。视时指依据太阳测定的每日时间，长短不等；平时则是依据钟表设定的时间，长短完全相等。两者之间产生的差别就是我们所称的时差（equation of time）。它们之间相差最多的时候出现在每年 11 月初和 2 月中旬。11 月初，太阳会在 12 点前的 16 分钟经过子午圈；2 月中旬，则在 12 点 14 分至 15 分之间经过子午圈。

为了确定平时，天文学家们以他们的非凡才智构想出平太阳（mean sun）这一概念，平太阳一直沿着天球赤道运行，它每次经过子午圈的间隔时间完全相同，所以有时会在真太阳之前，有时则在真太阳之后。根据构想出来的平太阳，就能确定每天的时间了。如果可以不考虑真实情况，只通过视觉上的景象来说明这个问题会更容易。假设地球静止不动，平太阳绕地球旋转，慢慢经过各地的子午圈。那么，我们可以想象一直围绕世界运行的就是“中午”这一时刻。在我们所处的纬度上，它的速度只有每秒 300 米，换句话说，如果我们所在的地方是中午，1 秒钟后，向我们西边 300 米远的地方即是中午；再过 1 秒，再向西 300 米的地方就是中午……以此类推，经过 24 小时，中午会再次回到我们所在的地方。这种情况最明显的结果就是：任意两个在不同子午圈上的人，绝对不会处于同一时间。当我们向西走时，我们会觉得当地时间比我们的手表时间更慢；而向东走，这种情况又会相反。这种有区别的时间变化就被称为地方时（local time）。

标准时

由于地方时存在的差异，给旅行者造成了极大的不便。以前，所有铁路运营者都有自己的子午圈，铁路线上的列车都按照自己的时间运行，但旅客们会按自己的钟表显示时间安排行程，经常由于不了解自己的钟表时间与铁路时间的差距而误了火车。直到1883年，科学家们才制定出我们现在使用的标准时间制度。这个时间制度规定，每15°（太阳每小时经过的地方）为一个标准的子午圈，中午经过标准子午圈时，两边7.5°相加的地区都是中午，这就是“标准时”（standard time），而标注这些地带的经度以经过格林尼治天文台的子午圈为起点。费城在经度上与格林尼治天文台相距约75°，时间为5小时，更准确地说是5小时1分。这样一来，美国东部各州的标准子午圈就位于费城东面一点。当平正午（mean noon）经过这个子午圈时，向西一直到俄亥俄州都算是中午12点。一小时之后，密西西比河流域是12点。再过一小时后，落基山脉地区是12点。再经过一小时，太平洋沿岸是12点。由此可知，美国有四种时间：东部时间、中部时间、山地时间和太平洋时间，依次相差一个小时。按照标准时间制度，旅行者在太平洋和大西洋之间穿梭跨越时区时，每次只需将钟表调快或者调慢1小时，就可以与他所在时区内的时间相同了。

中国在1949年以前，设置了中原、陇蜀、新疆、长白和昆仑五个时区，不同时区内的时间不同。中华人民共和国成立后，将首都北京所在的东八区确定为全国标准时间，统一为“北京时间”。

通过这种时间的差别，我们可以判断一个地区的经度。如果一个位于纽约的观测者在某颗星星经过当地子午圈时向芝加哥发送电报，这个时间会被两个地方记录下来。当这颗星星到达芝加哥的子午圈时，另一位发报者也按下电报发出键。那么，这两次电报的时间间隔就是这两个地点相差的经度。

还有一种方法可以确定经度，即身处两地的观测者分别将各自的地方时向对方报告，这样得出的结果与前面我们假设的一样，两地的时间差就是两地相差的经度。

不过，我们必须记住，太阳从东边升起、由西边落下依据的是地方时，而不是标准时。因此，日历中标注的日出和日落的时间并不能确定钟表的标准时，但正好处于标准子午圈上除外。地方时和标准时的差异是，当我们在向东或向西旅行时，地方时不断发生改变；而标准时却只在我们每经过某个时区的边界时，跳过 1 小时。

日期在什么地方改变

“午夜”和“中午”相同，不停地围绕地球旋转运行，陆续经过每个子午圈。每经过一个子午圈，就代表这个子午圈对应的地方开启了新的一天。假设它经过某个地方时正好是星期一，那么当它再次经过时就是星期二了。所以，肯定存在一个在星期一和星期二交界处的子午圈，又或者说，存在一个两天的临界点。这个划分日期的子午圈被称为“国际日期变更线”，它是基于人们的习惯和应用的便利性来划定的。当人们向东西两个方向迁徙时，会将按照自己计算日期的方式一同带去。直到向东而去的人和向西而去的人在某处相遇，才发现彼此之间的日期相差了一整天，向西去的人还在过星期一，而向东行的人已经是星期二了。美国人到达阿拉斯加时就遇到了这样的情况。俄罗斯人向东行走到了阿拉斯加，美国人向西走到达该地。在同一个地方，美国人的时间还在星期六，而俄罗斯人已经在过星期日了。这样就产生了一个问题：当地居民想去希腊的教堂做礼拜，应该如何计算日期呢？是遵照新日期的计算法还是旧日期呢？这个问题被圣彼得堡教会的主教知晓后，请来了普尔科沃天文台（Pulkovo Observatory，俄罗斯国家天文研究机构）的负责人斯特鲁维。斯特鲁维写了一篇报告，认为美国的日期计算方法更为准确，于是最终将日期的计算方法统一。

目前规定的国际日期变更线是指与格林尼治天文台正对的子午线。这条界线恰好位于太平洋中央，只经过亚洲东北角以及斐济群岛的一部分陆地。这样的地理环境很有利，避免了因国际日期变更线穿过一个国家内部造成的严重不便。如果日期变更线从一个国家内部穿过，那么这个城市的日期就会与相邻城市的日期相差一天，甚至同一条街道两边的居民会过着不同的日期。但是，如果日期变更线在海洋里，就可以避免这种不便的发生。日期变更线并不是严格意义的地球上的子午圈，它可以曲折迂回以避免前面讲到的不便。因此，即使与格林尼治呈 180° 的子午圈正好从查塔姆群岛及其邻近的新西兰之间穿过，两地居民的时间依然可以一致。

怎样确定天体的位置

为了完整了解天体的运作和观测星星的位置，我将在这一节的内容中引入一些专业名词术语，并对它们进行解释说明。如果你只是想简要了解天空现象，那么这一节的内容并不重要。我想邀请一些希望深入学习的人，来和我一起研究在“天空万象”（第 7 页）中讲述的天球。如果大家已经忘记，那就让我们重新回到图 1–1（第 10 页），再来看看地球和天球的关系：一个真实存在的球体是地球，我们正站在它的表面，它带着我们每天不停地旋转；另外一个则是看起来存在的天球，它在遥远的地方包围着地球。虽然这是一个并不存在的大球，但我们一定要在脑海中想象出来，这样才能知道去什么地方寻找天体。需要注意的是，我们身处天球的中心，因此看到的天球上的东西仿佛都在球的内部表面上，而我们在地球的外部表面上。

这两个球上的许多圈点之间都有类似的关系，也是我们提到这两个球的原因。我们在前面已经说过，地球的转轴指出了我们的南北极，又向两个方向延伸横穿长空，指出了天球的南北极。

我们知道环绕着地球的赤道与南北两极的距离相等。同样，天球上也有一条赤道环绕着天球，与南北天极各呈 90°。假如我们能将它在天上画出来，就可以发现它的位置昼夜不变。我们需要更准确地想象出它的形状。它在正东和正西两个点上与地平线相交——实际上就是 3 月（春分）和 9 月（秋分），太阳在地平线上的 12 小时内，周日运动在天上移动的那条线路。从美国北部的各州来看，天球赤道正好穿过天顶与南方地平线之间的正中，越向南越接近天顶。而中国的大部分地区也是如此。

正如地球上有平行于赤道且环绕地球赤道南北的纬度圈一样，天球上也有两个平行于天极的圈子。地球上的纬度圈越靠近两极越小，天球上的纬度圈也是如此。

我们知道，地球上的经度是根据通过该地从北极到南极的子午圈测量出的，而这个子午圈与经过格林尼治天文台的子午圈形成的角度就是当地的经度。我们可以在天球上找到类似的东西。想象一下，一些在天球上的北天极和南天极之间朝各个方向散开的线，与天球赤道呈直角正交，如图 1–3 所示，这些圈被称为“时圈”（hour circle）。我们把其中之一称为“二分圈”（equinoctial colure），图 1–3 中也已注明，这条线正好经过春分点，这个内容我们将在下一节讨论。二分圈在天球上的作用与格林尼治子午圈在地球上的作用相同。

天球上一颗星星的位置可以与地球上一座城市的位置一样，用经纬度来确定，不过使用的名词大不相同。天文学中，天球上与地球经度相当的被称为“赤经”（right ascension），而与地球纬度相当的被称为“赤纬”（declination）。于是就有了下面这些定义，读者们一定要牢记：

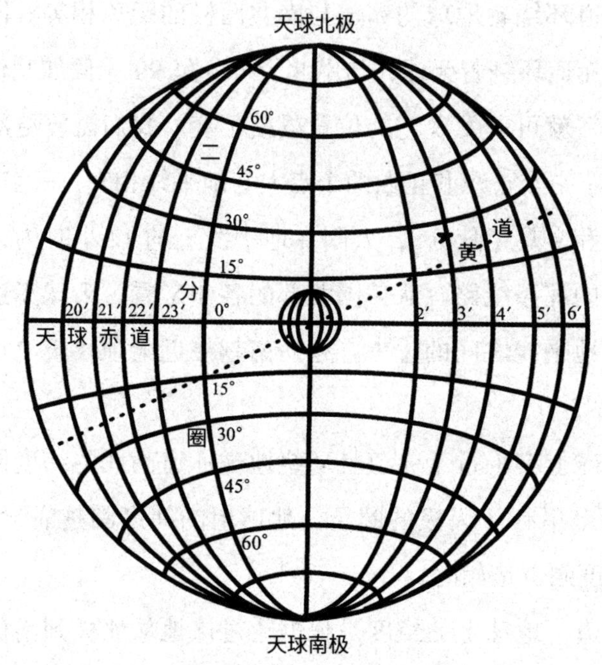

图 1–3　天球经纬示意图

一颗星的赤纬指的是它距离天球赤道在南北方向的视距。图 1–3 中的星星正在赤纬北 25°。

一颗星的赤经指的则是经过这颗星的时圈与经过春分点的二分圈形成的夹角。图 1–3 中的星星正在赤经 3 时上。

天文学中通常用时、分和秒表示星星的赤经，如图 1–3 标出的那样；也可以用度数来表示，如同地球上的经度一样。如果想将赤经的时分秒转化成度数，只需乘以 15 即可。这是由地球每小时内旋转 15°决定的。从图 1–3 中我们还能看出，纬度的相差体现在直线距离上。单位长度在地球上都是相同的，但经度的相差是不一样的，它的直线距离从赤道向两极逐渐变小。在地球赤道上，每经度相差 111.8 千米，但在南北纬 45° 上，相差就只有 67.6 千米了；再到南北纬 60° 上，每经度相差已不到 56 千米；到了两极则减少为 0，这是由于各子午圈已经相交于此了。

由此，我们了解到，地球自转的线速度也会遵循这样的规律递减。在赤道上，经度如果相差 15°，那实际距离就相差 1600 千米，地球旋转的线速度为每秒 460 米；在南北纬 45° 上，线速度减慢至每秒 300 米多一些；在南北纬 60° 上时，线速度就只相当于赤道上的二分之一了；在两极则降为 0。

如果将这样的经纬应用到天球上，地球的自转会成为唯一的难题。只要我们不动，就始终保持在地球的某一经度上。但是，由于地球的自转，天球上任何一点的赤经都在不断发生变化，尽管在我们看来是固定不动。天球子午圈和时圈的区别在于，天球子午圈随着地球转动，而时圈则固定在天球上。

地球和天球之间的每一点特性都很相似，地球自西向东绕着它的轴自转，天球仿佛自东向西旋转。假如我们将地球想象为天球的中心，有一根共同的转轴穿过它们，如图 1–3 所示，我们就能够更清晰地理解它们之间的关系了。

如果太阳也如同星辰那样，在天球上静止，那么我们要找到一颗已经知道赤经和赤纬的星星就不是一件困难的事。不过，由于地球每年会围绕太阳旋转一周，那么每晚相同时刻，天球上太阳的视位置就会发生变化，且永不相同。接下来，我们开始讨论公转产生的影响。

地球的周年运动及其影响

我们都知道，地球不仅绕着自己的转轴旋转，还围绕太阳公转。这种运动令太阳看起来是在众星之间每年环绕天球旋转一圈，我们想象自己是在环绕着太阳运动，就能发现太阳正朝着反方向运动，这样就会看到太阳在比它更遥远的众星之间运动。当然，由于白天看不到星星，所以这种运动难以被轻易发现。但是，如果我们长时间紧盯着西边的一颗星，就会感觉到这种运动。我们会发现这颗星降落得一天比一天早，也就是说与太阳越来越接近。确切地讲，既然这颗星的位置不变，那么似乎是太阳在逐渐向星辰靠近。地球的周年运动显而易见。

假如我们可以在白天看见星星，看到它们都散布在太阳的周围，情况就会越发明显。再假如我们看到一颗星星和太阳一同升起，那么在一天之中，太阳会远离那颗星星，渐渐向东移去。直到太阳快要落下时，它与这颗星的距离大约等于自身的直径那么远。次日清晨，我们会看到它离那颗星星的距离更远了，大约是自身直径的 2 倍。图 1–4

中表示了春分时（3 月 21 日）的这种情况。这种运动月复一月地持续着，等到太阳远离这颗星，绕着天球运行一圈，一年之后将会与这颗星星再次相遇。

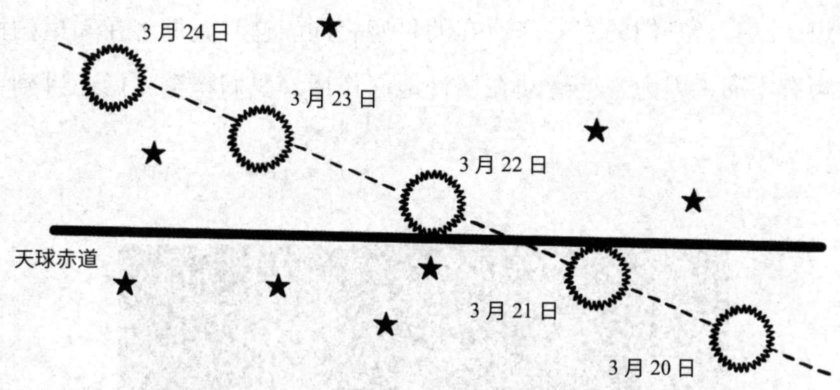

图 1–4　太阳在 3 月 21 日左右经过天球赤道

太阳的周年视运动

我们再来看图 1–5，它表示了地球围绕太阳运行的轨道，遥远的星辰是它的背景。当地球在 A 点时，太阳处于 AM 这条直线上，对应到星辰中的 M 点。而当地球从 A 点移动到 B 点时，太阳也就对应到 N 点，以此类推持续一年。古人应该是很早就注意到太阳的这种周年运动，他们在绘制这种图像时花费了非常大的精力，他们想象出一条绕过天球的线，太阳总是绕着这条线做周年运动。这条线被他们称为“黄道”(ecliptic)。古人发现，尽管不是完全一致，但行星的运动轨迹基本与太阳通常的轨迹相同。他们由此想象出一条把黄道线夹在中间的带子，带子里面包含了所有已知的行星和太阳，这个带子被称为“黄道带”(zodiac)。他们将这条带子等分为十二宫，每一宫包含一个星座，太阳每个月进入一宫，一年经过十二宫。这就是人们常说的黄道十二宫，它们的宫名与所在的星座相同。这与我们现在知道的情况稍有不同，因为岁差运动在缓慢地起作用，我们将会在后面讲到这一点。

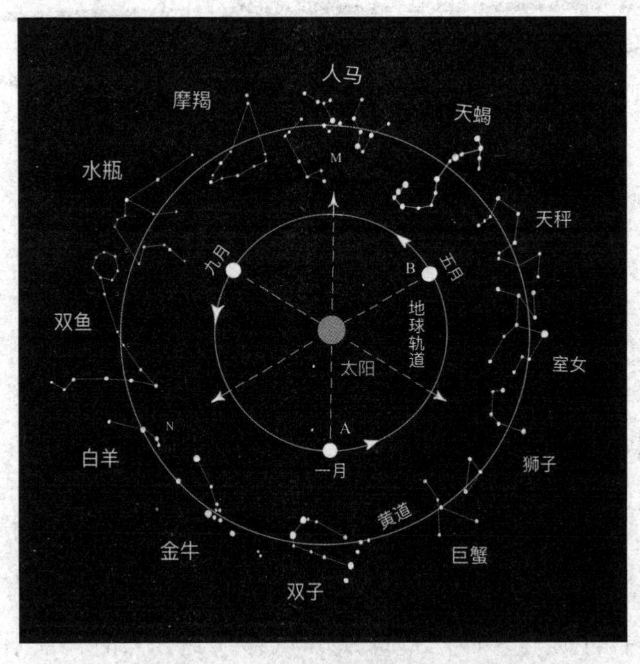

图 1-5　地球的轨道和黄道带

如此，我们就能够看出，我们提到过的环绕整个天球的两道圈是通过不同的方法得出的。天球赤道由地球转轴的方向决定，恰好在两个天极的中间嵌入天球；黄道则是由地球绕太阳的运行轨迹而来。

这两道圈并不一样，却在相对的两点相交，大约成23.5°，或者说约为直角的1/4，这个夹角被称为“黄赤交角”（obliquity of the ecliptic）。为了正确理解这种现象产生的原因，我们必须再说一下天极的问题。依据前面介绍过的内容，我们很容易知道两个天极是由地球转轴的方向决定的，而不是由天上的什么来决定；它们仅是因为天球上相对的两个点正好与地球转轴形成一条直线。天球赤道是两个天极正中间的大圈，这自然也是由地球转轴的方向决定的。

我们现在假设地球绕日运行的轨道是水平的，并且将其想象为一个平盘的圆周，太阳就位于平盘的中心。地球沿着圆周运动，中心恰好也在平盘之上。那么，假如地球的自转轴是垂直的，赤道就一定是水平的，并且与平盘圆周处于同一平面中，地球沿着平盘运动一周，中心始终对着太阳。所以，由绕日运动确定的黄道也一定与天球赤道是同一个圆圈。黄赤交角（黄道倾斜角）形成的原因在于地球自转轴并不是垂直的，而是倾斜了23.5°。黄道和平盘的倾斜角也是23.5°，而这个倾斜就是地轴的倾斜。还有一个与此相关的重要事实，当地球绕太阳旋转时，它的轴在空间中的方向是不变的。因此，地球北极有时

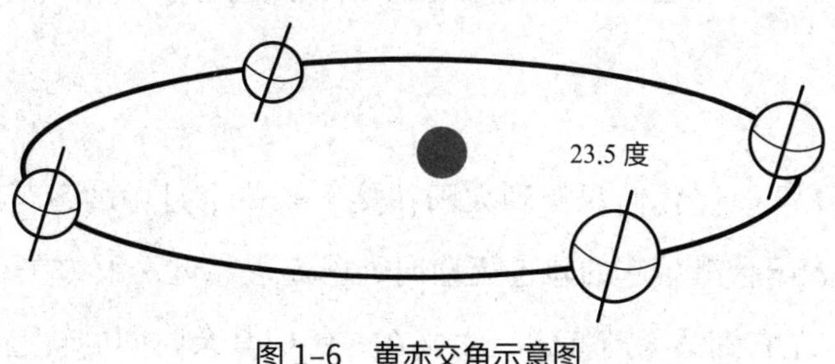

图 1-6　黄赤交角示意图

靠近太阳，有时又远离太阳。图 1–6 清楚地展示了这种情况，也就是我们刚刚假设的平盘圆周，地轴向右倾斜，而北极的方向永远不变。

如果不明白黄道倾斜角的影响，我们可以再举个例子，假设在某一个 3 月 21 日前后的正午，地球停止了自转，但继续围绕太阳公转。未来的三个月中，我们就会看到图 1–7 中显示的情况。假设我们在图中望向南天，会发现太阳正在子午圈上，乍看起来似乎是静止的。如图所示，天球赤道自东到西与地平线相交，与前面描述的情况相同，黄道和赤道相交于春分点。接下来再持续观测三个月，我们会看到太阳慢慢沿着黄道来到夏至点上，那是太阳到达的最靠北的一点，大约在 6 月 22 日左右。

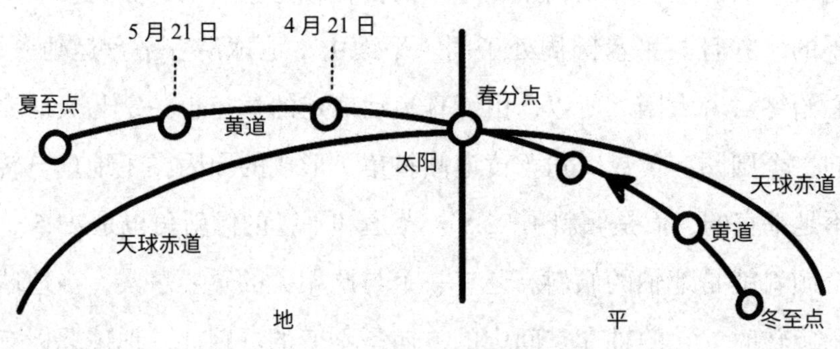

图 1–7　春夏间太阳沿着黄道的视运动

图 1–7 可以让我们观察到太阳在接下来三个月中的运行。经过夏至点后，太阳会沿着它的轨迹逐渐向天球赤道靠近，大约在 9 月 23 日（秋分点）左右到达天球赤道。太阳在一年中其余时间的轨迹与其前六

个月的运动轨迹相对应。在 12 月 22 日（冬至点）到达离赤道最南边的一点；接着又在 3 月 21 日（春分点）前后经过天球赤道。不过，这些日期会因闰年出现一些差异。

我们现在可以来总结一下太阳周年视运动中需要注意的几点：

我们从春分点开始观测；

夏至点是太阳运行到最北边的一点之后，开始返回并向南靠近赤道的转折点；

秋分点与春分点相对，太阳在 9 月 23 日左右会经过这个地方；

冬至点与夏至点相对，是太阳最靠南的一点。

我们将太阳在两个天极之间通过的这些点与天球赤道呈直角的时圈称为“分至圈”（colure）。太阳经过春分点的二分圈是赤经的起点，而与之垂直的是二至圈。

让我们再来认识一下星座与季节气候以及每日时间的关系。假如太阳今天和一颗星星同时经过子午圈，那么明天太阳就会在这颗星星东边 1°，也就是我们之前讲过的，这颗星星会比太阳早约 4 分钟经过子午圈。这种情况每天重复，持续一整年，直到二者再次同时经过子午圈。如此一来，这颗星星每年经过天空的次数会比太阳多一次。换句话说，太阳经过子午圈 365 次，而那颗星星会经过子午圈 366 次。当然，如果我们选取的是南天的星星，那么它出没的次数则与太阳的相同。

四季

如果地球的自转轴正好与黄道平面垂直，黄道将与天球赤道重合，那么我们就感觉不到四季之间的变化了。这是由于太阳永远都是从东方升起，在西方落下，经年不变。地球上的气温变化也很细微，这是由于1月时地球与太阳的距离更近一些，到了6月就离太阳远一些。但是黄道倾斜了，那么太阳位于赤道以北时（3月21日到9月23日），北半球每天被太阳照耀的时间比南半球长，而且与地面形成的角度也更大。而南半球的情况则恰恰相反。太阳照耀的时间从9月23日到次年的3月21日，比北半球更长。因此，当北半球是冬季时，南半球就是夏季，两个半球的季节恰恰相反。

真运动和视运动的关系

在深入讨论这部分内容之前，我们有必要先了解几个名词。

首先是真运动——也就是地球的运动，其次是视运动——也就是真运动引起的天体视运动。接下来是真周日运动，指的是地球围绕自己的轴自转；视周日运动，指的是地球自转产生的星体现象。真周年运动，指的是地球围绕太阳公转；视周年运动，指的是太阳在众星之间环绕天球运动。

由于真周日运动，地平线从太阳或者星辰上经过。这样，我们就会看到太阳或星辰升起又落下。

地球赤道平面大约在每年的3月21日前后从太阳北边向南边移动，9月23日前后，则从南边向北边移动。所以我们说，太阳3月时从地球赤道经过并向北移动，到了 9 月又经过赤道并向南移动。

每年 6 月，地球赤道平面在太阳南边最远的地方，12 月则在太阳北边的最远处。我们认为，在第一种情形中，太阳处于北至点；而第二种情形中，太阳处于南至点。

相对于与地球轨道垂直的线，地球的自转轴倾斜了 23.5°，所以黄道向天球赤道倾斜的夹角也是 23.5°。

夏季时，地球的北半球向太阳倾斜，北纬地区被地球的自转作用带领，旋转一次得到阳光的时间有一大半，而南纬地区得到阳光的时间只有一小部分。于是，我们就可以看到，太阳每天在地平线上的时间超过一半，北半球是炎热且昼长的夏季，而南半球则是寒冷且夜长的冬季。

到了北半球过冬的时候，情况就完全相反，南半球在这个时候倾向太阳，北半球则远离太阳。因此，南半球进入昼长夜短的夏天，而北半球则是夜长昼短的冬日。

上述内容如果用相对性原理解释，会更容易理解。因为宇宙没有中心，那么所有参照物都是相对而言的。

年与岁差

我们常说的“年”的概念，最简单的就是地球围绕太阳公转一周的时间。按前面讲过的，年的长度有两种不同的测量方法：一种是计算出太阳两次经过同一颗恒星所用的时间，另一种是计算出两次太阳经过春分点（或秋分点）所用的时间。如果二分点的位置是固定在众星之间不变的点，那么这两种计算方法得到的结果就完全相同。但是，古代天文学家根据数千年的研究发现，上述两种方法得出的结果并不同，太阳以恒星为起点绕天空转一周会比以春分点为起点绕天空一周多花 11 分钟。由此我们可以得出，每年春分点的位置会在众星之间不断移动，这种移动被称为“岁差”（precession）。岁差的产生与天球没有任何关系，只是因为地球在绕太阳公转的过程中地轴缓慢移动造成的。

我们假设图 1–5 中地球一直在围绕太阳旋转，经过六七千年，转动了 6000 至 7000 次之后，最终我们发现，地轴的北极并非如图中所示向着我们的右边，而是转到正对着我们的那一方；再经过六七千年，地轴北极又来到了我们左边；再经过同样的时间，地轴北极将会背对着我们；继续经过同样的时间，地轴北极会回到最初的位置，这个过程大约需要 2.6 万年。由于天极由地轴的方向决定，因此地轴方向的变化会带动天极在天空中慢慢转出一个半径为 23.5° 的圆圈。这时，北极星与北极的距离是 1° 多一点。但是，北极正慢慢靠近北极星，200 年后就会逐渐远离北极星。1.2 万年后，北极将进入天琴座（Lyra）中，距离这个星座中最亮的织女星（Vega）大约 5°。古希腊时期，航海者并不认识北极星，因为那时的北极星距离北极点 10° 至 12°，位于北极星和大熊星座之间。那时的航海者只能根据大熊星座来确定航向。

这样一来，既然天球赤道是在两个天极正中间的大圈，那么它在众星中的位置也一定会有相应的变化。这种变化在过去 2000 年中产生的影响可以在图 1–7 中看出。因为春分点是黄道和天球赤道的交点，所以它们也会在这种变化的影响下发生变化。这就产生了岁差。

我们前面讲到的两种年，一种被称为“恒星年”（sidereal year），另一种则被称为“回归年”（tropical year）或“分至年”。回归年是太阳两次经过二分点所用的时间，具体时间为 365 日 5 小时 48 分 46 秒。因为四季由太阳在天球赤道南北位置决定，所以回归年成为了计时系统。在古代，天文学家发现回归年的长度是 365.25 天。在托勒密[1]时代，年的长度计算结果精确到比 365.25 天少几分钟。直到现在，许多国家仍旧使用格列高里历，制定出的年的长度与此相差无几。

恒星年指的是太阳两次经过同一恒星所用的时间，具体时间为 365 天 6 小时 9 分钟。基督教国家一直使用罗马儒略历到 1582 年，这种历法中的一年刚好是 365.25 天。这比回归年的长度多了 11 分 14 秒，因此四季会在千百年中慢慢发生变化。为了避免出现这种情况，人们需要制定一个平均长度尽可能准确的年的制度，罗马教皇格列高里十三世颁布法令，在儒略历的 400 年之间取消三次闰年。根据儒略历，每个世纪的最后一年肯定是闰年；而在格列高里历中，1600 年仍然是闰年，而 1500 年、1700 年、1800 年和 1900 年则都是平年。

于是，格列高里历被所有天主教国家接受，也陆续在新教国家中普及，并成为世界通用的历法（辛亥革命后，中国也采用此历法）。

农历

在中国，除了格列高里历（俗称阳历）之外，还有盛行千百年之久的农历法。这是一种特殊的阴阳历，并不是单纯的阴历。中国的百姓到现在仍然以它为依据，安排农事、渔业生产以及确定传统节日。

1 托勒密（Ptolemy），公元 2 世纪的埃及天文学家。——编译者注农历是按朔望周期确定月份。月相朔（日月合朔）所在的日期为本月初一，下次朔的日期为下月初一。因为一个朔望月的周期是29.53天，所以分大月和小月，大月30天，小月29天。某月是“大”还是“小”，以及哪天是“朔日”，则根据太阳和月亮的真实位置来推算，古时称为“定朔”。

农历的年以回归年为依据。为了和回归年的长度相似，农历使用增加闰月的方法（根据二十四节气制定），并将岁首调整到“雨水”所在的月初。农历一年12个月，一共是354日或者355日，平均19年有7个闰月，这样就保证了19年的农历与19年的回归年的长度基本相等。所以通常情况下，中国人的19岁、38岁、57岁及76岁时的阳历生日和农历生日会重合在一起。

汉武帝太初元年（公元前104年）五月颁布的《太初历》，将含有雨水的月份定为正月，将这个月的初一定为岁首。因其更加科学地反映农业季节，除个别朝代有过短期改动外，一直沿用至今。

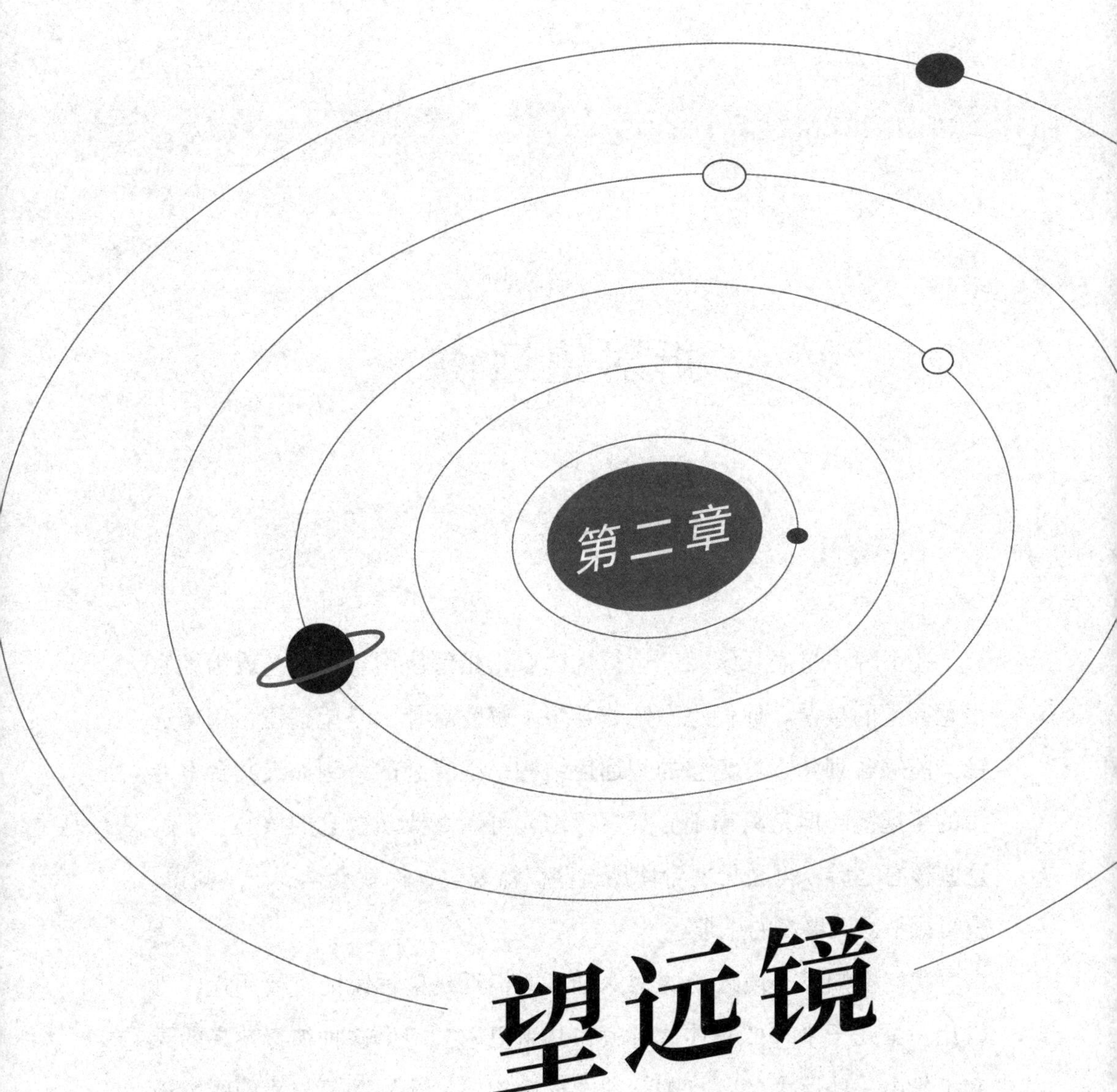

第二章 望远镜

折射望远镜

在了解了星辰系统及其运行规律后，相信使用望远镜会成为大家很感兴趣的事情。你们也一定非常想了解究竟什么是望远镜，用望远镜又能够看到什么。完整的望远镜结构是很复杂的，例如天文台上专用的望远镜。但是只需细心观察，你就可以大致掌握它的核心。了解这些核心之后，再去天文台使用这些仪器观察，你就会学到更多知识，获得比平常人更多的乐趣。

我们都知道，使远处的物体看上去很近是望远镜的重要用途，可以让一个几千米外的物体仿佛就在几米以内。产生这种神奇效果的天文工具由一些巨大的、打磨精细的透镜构成，这种透镜与我们的眼镜并无多大差异，只不过更大更精美。收集物体的光至少有两种方法：其一是让光通过许多透镜；再者就是用凹面镜将光反射出来。因此，望远镜也出现了不同种类，有折射望远镜、反射望远镜和折反射望远镜。我们先从常见的折射望远镜开始讲吧。

望远镜的透镜

折射望远镜的镜头由两种透镜组成：一种是物镜，它的作用是让远处的物体在望远镜的焦点上成像；另一种是目镜，在我们眼睛看得最清楚的地方形成新的像。

望远镜上最复杂和精密的部分就是物镜。制作物镜复杂且耗时，制作它的时间会比制作其他所有部分加起来的时间更长，因而要求更加细致精巧。有一个例子可以证明制作物镜需要的非凡天赋。一直以来，所有天文学家都相信，世界上只有一个人可以制造这种巨大而精确的物镜，他就是阿尔凡 · 克拉克（Alvan Clark），我们会在后面详细讲述这个人。

通常情况下，物镜由两个大的透镜组成。望远镜的性能完全依赖这些透镜的直径，被称为望远镜的“口径”（aperture）。望远镜的口径有大有小，小的如家用望远镜的口径大约是 10 厘米，大的如叶凯士天文台（Yerkes Observatory）的大型望远镜，口径达到 1.02 米。物镜的直径能决定望远镜的性能，放大了一定倍数的物体要保证被看清，在其自然亮度的基础上，所需要的光需要超过放大率的平方。例如，如果我们有 100 倍的放大率，就需要 10000 倍的光。

为了让远处的物体在望远镜中呈现出清晰的影像，物镜要将来自被观察物体上每一点的光都聚集到焦点上。假如做不到这一点，光会被分散到不同的焦点上，那么物体就会模糊不清，这与透过一副不合光的眼镜看东西一样。但无论使用什么玻璃制成的单片透镜，都无法将光集中到一个焦点上。我们都知道，平时看到的无论是来自太阳还是星星的光，都是由不同颜色混合而成的，我们可以用三棱镜将光分散开，从红色开始，依次是橙、黄、绿、蓝、靛和紫。单片透镜会将这些颜色不同的光聚集到不同的焦点上；红色的光距离物镜最远，紫色光则距物镜最近。这种将光分散开的现象被称为“色散”(dispersion)。

300 年前的天文学家对这种透镜的色散问题束手无策。直到大约 1750 年，一个名为多龙德的伦敦人发现，利用两种不同的玻璃可以避免色散，这两种玻璃分别是冕牌玻璃和火石玻璃。这种方法的原理非常简单。冕牌玻璃的折光能力与火石玻璃的折光能力几乎一样，但冕牌玻璃的色散能力大出一倍。多龙德用两块透镜做了一副如图 2–1 所示的物镜，前面是冕牌玻璃制作的凸透镜，后面是火石玻璃制作的凹透镜。由于两片透镜的曲度相反，光会射向不同的方向。冕牌玻璃的凸镜使光聚集在一个焦点上，而火石玻璃的凹镜则令光分散。如果只单独使用一片透镜，例如火石玻璃，那它不只无法将光线聚集在一个点上，反而会使一个点上的光向各个方向分散开。多龙德的设计巧妙地让火石玻璃的聚焦能力只有冕牌玻璃的一半多一点。这一半的聚焦力足以消除冕牌玻璃引起的色散，但无法消除它一半的折射能力。这种组合使所有光线通过时，几乎全部集中于一个焦点，并且与单用冕

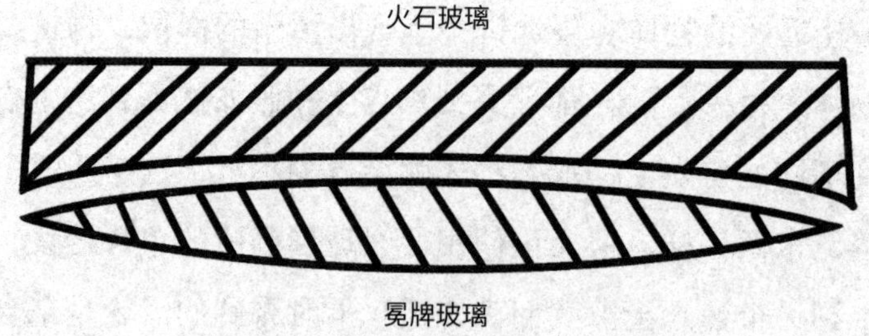

图 2–1　望远镜中物镜的一部分

牌玻璃相比，这个焦点远了大约一倍的距离。

我之所以一直强调“几乎集中于一个焦点”，是因为两种玻璃的组合并不能将所有光线集中于同一个焦点。对于较明亮的光线，色散确实可以变弱，但并不能被完全消除。口径越大的望远镜，这一缺陷越明显。如果我们用一架大型折射望远镜观测月亮或星星，就会发现它们周围有一圈蓝色或紫色的光晕。这其实是由于两片透镜无法将蓝色光和紫色光集中到与其他颜色的光线相同的焦点上造成的。这种现象也被称为“二级光谱”的像差。这是由光学玻璃的性质导致的，科学家对此也没有更好的解决办法。只是目视使用的折射望远镜的视场较小，它的主要像差由二级光谱表示，缩小相对口径可以减少不利影响。

远处物体的成像

由于大型折射望远镜使用的是巨大且透光能力良好的光学玻璃，给制造者造成了很大的困难。大型折射望远镜在紫外波和红外波的透光性能上不如反射望远镜，存在残余色差。它在架构上的支持力也没有反射望远镜好，因此大型折射望远镜的制造成本居高不下。这些因素都制约了它向更大口径方向发展。世界上目前最大的折射望远镜的口径只有 1.02 米。

由于物镜聚光在焦点上的作用，远处的物体得以在焦平面上成像。焦平面是指通过焦点与望远镜的主轴或者与视线成直角的平面。

什么是望远镜成像呢？这个问题我们可以在照相机中的毛玻璃上找到答案。你会在毛玻璃上发现一副面孔或者远处的风景。照相机其实就相当于一架小型望远镜，毛玻璃就是焦平面。或者，反过来说，望远镜就像一台大型的长焦照相机，我们用它来拍摄天空，就如同摄影师用照相机拍摄照片一样。

有时，我们理解了一件东西不是什么，常常能够更好地理解这件东西是什么。发生在距今 100 多年前[1]的那场著名的月亮大骗局就说明了这一点。一个作者用荒唐的故事欺骗了许多读者，故事是这样的：

约翰 · 赫歇尔爵士在使用放大倍率极高的望远镜看月亮时，发现光线不足导致看不清影像，因此有人建议他采用人工光来照亮那些影像。结果让人大为惊讶，他清楚地看到了月球上的动物。如果不是大多数人都被骗，我也就不用再说下面这句话：外来的光线从本质上是无法影响望远镜的成像的，因为它并非实像，而是远处物体的任何一点光线相交在影像相对应的点上，然后从该点散开，在焦平面上形成的一幅图画，这幅图画由光线聚焦而成，这样的像被我们称为“虚像”。

假设物体的影像（确切地说是图画）正好形成在我们眼前，大家也许会有这样的疑问：为什么看它需要用目镜呢？为什么观看者不能站在图画后面向物镜看去，直接看到影像悬在空中呢？观看者其实可以这样做：把一片毛玻璃放在焦平面上，之后就如摄影师使用照相机一样就可以了。如此一来，毛玻璃上就会呈现出影像，观看者可以不通过目镜，只望向物镜就能看到物体。但这样还是只能看到影像的一小部分，因此直接用物镜看并没有多大好处。假如想认真观测，目镜仍是最好的选择。目镜很小，与钟表匠用的小眼镜的本质一样，焦距越短，观察得越准确。

---

1 “月亮大骗局”发生于 1835 年。——编译者注

经常有人希望了解，著名望远镜的放大倍率究竟有多大？这个答案不仅由物镜决定，还取决于目镜。焦距越短的目镜，放大倍率越高。天文望远镜一般都配有多种不同的目镜，能够满足观测者的各种需要。

在不超出几何光学原理的范围内，我们使用任何望远镜——不论大小——都可以得到相应的放大倍率。使用普通显微镜观察影像，我们可以让一个口径 10 厘米的小望远镜与赫歇尔（Herschel）的大型反射望远镜拥有同等的放大倍率。但如果想让望远镜的倍率超过一定程度却存在很多困难。首先，物体表面的光很微弱。假设我们用 8 厘米口径的望远镜来观测土星，让它放大数百万倍，土星的影像就会很模糊而难以看清。但这还不是让小型望远镜拥有高放大倍率的唯一困难。按照光学的一般定律，想将每 2.5 厘米口径的放大率提高到 50 倍以上是不可能的，最多不能超过 100 倍。简言之，一架 2.5 厘米口径的望远镜的放大率不能高于 150 倍，更别说 300 倍以上了。

除了这个问题，还有一个难题让天文学家们伤透脑筋，那就是地球大气造成的模糊，也就是我们常常说的看不清楚。

我们需要透过厚厚的大气层观察天体。如果让大气层的密度等同于我们周围空气的密度，那么大气层将会有 10 千米厚。但是，想观察 10 千米以外的东西，其轮廓又是模糊不清的。这是由于光线要穿过大气层，而大气是流动的，会造成不规律的折射，物体在这种影响下看起来会有起伏且颤抖。这种模糊的效果在望远镜中要强烈得多。视觉的模糊程度随放大率的增加而同比例增加。这种模糊程度可能取决于空气的状况。考虑到这个问题，为了能够更清晰地观察天体，天文学家试图为大型望远镜找到更稳定的空气。

我们常看到在一些计算方法中，大型望远镜由于具有高倍率，可以将月亮拉得离我们非常近。例如，我们用 1000 倍放大倍率的望远镜观察月亮，它似乎在 400 千米外的位置；而使用 5000 倍放大倍率的望远镜观察，它就只在 80 千米外的位置了。相对于视觉中月亮上东西的大小来说，这种计算方法是准确的，但这种计算方法忽略了望远镜的不足和大气流动的影响。这两种不利因素也会导致计算结果与实际情况不符。我难以相信，天文学家使用现有的望远镜观察月亮或者行星时，将放大倍率提高到千倍以上还能有很大作用，除非是在大气层出人意料地平静时。

望远镜的装置

在很多人的认知中，可能会觉得用望远镜观察天体是一件很容易的事，只要将望远镜架起来，再对着想要观察的天体就行了。我们不妨做个试验，将望远镜对准某颗星星，让人大吃一惊的事情发生了：这颗星星并没有静静地待在望远镜的视野中等着我们去观测，而是很快地逃开了。之所以会出现这样的情况，是因为地球一直在绕着转轴自转，这种运动速度与望远镜放大倍率同比增加，所以星星看起来会向着相反的方向转动。如果使用高倍率的望远镜，那么结果就是我们还没来得及观察，星星就已经离开了我们的视野。

我们需要明白，因为望远镜中看见的视野会随着望远镜的放大作用而缩小，所以它的实际观测范围会比看起来的范围小得多，而缩小倍率与望远镜的放大倍率相同。举个例子，如果我们选用的是千倍望远镜，那么视野大约是 2 分的角度，从肉眼来看不过是一个小点。这与我们在一个 6 米高的屋顶上通过一个直径 3.5 厘米的小圆圈观察星星的情况类似。如果我们可以想象出通过这样的小圆圈观察星星的情形，也就会了解追寻一颗运动的星星是一件多么困难的事。

解决这个问题的方法是对望远镜增加适当的装置，让它在互成直角的两轴上旋转。所谓“装置”是指整套的仪器，有了它的帮助，我们就能够通过望远镜锁定一颗星星，并观察它的周日运动。

为了提升你的专注力，我们先简述一下这种装置的结构，了解一下转动望远镜的两轴之间的关系。装置主要的轴是“极轴”（polar axis），安装时需要与地球的自转轴平行，正对天极。我们知道，地球每天从西向东旋转，所以需要对望远镜设置一个与这根轴相连的装置，让它以同等速度从东向西旋转。这样，地球的旋转似乎就被望远镜的转动抵消了。当望远镜锁定某颗星星时，装置开始运动，这颗星星就会停留在望远镜的视野里了。

为了使望远镜能够指向天空中的任意一点，那么必须要有一根轴与极轴成直角，这根轴就是赤纬轴。它的上面有一鞘正好安在了极轴的前端，两者合成一个 T 形。望远镜可以在两根轴上转动，方便我们将它指向任何我们想观察的方向。

值得一提的是，中国汉代著名科学家张衡发明的浑天仪使用的就是与此相似的结构。浑天仪是球体模型，有一根从球心穿过的轴，轴与球有两个交点，分别代表南极和北极。球的外面套有两个圆圈，一个叫地平圈，另一个叫子午圈，两个圈交叉环套在一起。天球在地平圈的上下半露半隐，天轴支架则位于子午圈的上面。另外，球体上还有黄道和天球赤道，两者呈 24° 的夹角。天球赤道和黄道上分别刻有二十四节气，以冬至为起点，划分为 365.25°，每度分 4 格，太阳每天都会沿着黄道移动 1°。

由于极轴平行于地轴，它与地平面的倾斜度正好等同于当地的纬度。在北纬南部，极轴偏于水平；而在北部，它又偏于垂直了。

很明显，上面讲到的望远镜装置还无法解决如何准确地找到一颗星星的问题。也许我们会花费几分钟甚至几小时，却仍然无法成功。但是这并不重要，我们还有很多寻找星星的方法：

每台天文望远镜的长筒下端都附有一架小型望远镜，它的名字是“寻星镜”（Finder）。寻星镜的放大倍率较低，但视野范围大。如果观察者能够看到那颗星星，便可以从镜筒外找到观察目标，再用寻星镜对准它，让它进入寻星镜的视野，接着将这颗星星移动到视野的中央。如此，这颗星星就在主望远镜的视野之中了。

但天文学家要观测的星星与平常人们的观测不同，大部分天体是肉眼看不到的，因此，他们必须想办法让肉眼看不到的星星出现在望远镜中。这就需要依靠分别安装在两轴上划分度数的圆圈了。一个圆圈上面刻着度数及分秒，表示望远镜所指的那一点的赤纬；另一个圆圈被装在极轴上，被称为时圈，时圈划分为 24 个小时，每个小时又划分为 60 分，用来表示赤经。当天文学家想寻找一颗位置确定的星星时，只需看一下恒星时钟，从恒星时钟中减去这颗星星的赤经，便可以得到它那时的时角，或者说，是它到子午圈的距离。转动望远镜，使圈上的度数正好等于这颗星星的赤纬度；然后转动极轴上的时圈，使其正好是这颗星星的时角；最后开动导星器自动追踪星星，想要找的星星就出现在望远镜中了。

如果你们认为上述操作过程复杂而烦琐，只需要亲自去天文台参观，马上就能明白这样做起来并不困难。与文字的讲解相比，实际操作会让看似深奥的学术问题更加简单明晰，也可以更快了解恒星时、时角、赤纬等专业名词。

望远镜的制造

我们再来讨论一下望远镜的制造吧，主要是它的制造历史。我们已经在前面提到过，物镜的制造是望远镜制造中最困难的，需要非凡的天赋。物镜最薄的地方只有 0.0003 毫米，如果制作过程中出现极其细微的差错，就会对成像造成不利影响。

物镜的制造简单说来是利用玻璃成形的技术，将镜片打磨成符合要求的形状，但这肯定不是望远镜制造的全部。制造物镜不仅需要技艺高超的磨镜师将镜片磨得精准，更需要制造具有足够均匀度和纯净度的大玻璃盘。如果玻璃在纯净度与形状上有任何问题，都会影响望远镜镜片的性能。

19 世纪前，将火石玻璃加工出足够的均匀度是件非常困难的事情。因为玻璃中含有大量的铅，铅在熔化过程中会不可避免地下沉到底部，使玻璃底部的折射率大于上部。正因为如此，当时口径达到十几厘米的望远镜就被誉为精密的大型望远镜了。19 世纪初，一个名叫吉南（Guinand）的瑞士人发明了一项制作巨大火石玻璃的工艺，这项他声称为秘密武器的技术，只是在玻璃熔化的过程中不停地用力搅拌而已，但他仍借此成功地将玻璃片做得越来越大。

做出来的玻璃片如果想应用到望远镜上，还需要手艺高超且具备相关光学技术的磨镜师将其打磨光滑。慕尼黑的弗劳恩霍费尔（Fraunhofer）就是这样一位磨镜大师。1820 年左右，弗劳恩霍费尔制造出一架 25 厘米口径的望远镜；1840 年，他又成功地制造出两架 38

厘米口径的望远镜，它们的性能都远远超过了之前所有的物镜，在当时的技术条件下被称为奇迹。这两个物镜分别被应用在俄罗斯的普尔科沃天文台和美国坎布里奇的哈佛天文台（Harvard Observatory）。哈佛天文台的这架望远镜直到半个多世纪后仍然还在使用。

弗劳恩霍费尔去世后，他的精湛技术是否得到传承我们不得而知，如果说他有后继者的话，我们在前面提到过的阿尔凡·克拉克当之无愧。克拉克是马萨诸塞州剑桥市的一个肖像画家，他几乎没有学习过相关的专业技术，更没有接受过使用光学仪器的培训，却取得了非凡的成就，这只能说明天赋在这件事上起着多么重要的作用。阿尔凡·克拉克似乎天生就拥有镜片制作的完整概念，在解决制造问题方面又具有超越凡人的敏锐眼光。因此，在天赋的强烈驱使下，克拉克从欧洲购买了一些制作小型望远镜需要的毛玻璃片，并成功制作出一架10厘米口径的精致望远镜，这架望远镜的完美制作技术让克拉克在天文学界声名远播。之后，他又计划制造一架在当时前所未有的巨大的折射望远镜。1860年，一架46厘米口径的大型望远镜正式完工并成功问世，这是克拉克专门为密西西比大学制造的。这架望远镜刚完工尚待试验之前，克拉克的儿子乔治·克拉克曾使用它来观测天狼星（Sirius）的伴星（由于这颗伴星吸引着天狼星，人们早就知道它的存在，却从未见过它）。美国爆发内战之后，这架望远镜被芝加哥人买走，密西西比大学并没有得到它。这架望远镜曾经在埃文斯通的迪尔伯恩天文台（Dearborn Observatory）发挥了重要作用。

大型折射望远镜

19世纪末期，随着工艺水平的不断提高，各国制造光学玻璃的技术也得以改良，出现了大口径折射望远镜的制造风潮。当时，有许多专家显示出了他们高超的才能，精致而巨大的透镜不断被制造出来。

世界上现有的八架口径大于70厘米的折射望远镜，其中七架是在1885年到1897年期间建造而成的。其中，最有代表性的是1897年建造成功的102厘米口径的叶凯士望远镜，以及1886年制成的91厘米口径的利克望远镜。

越来越大的玻璃片陆续由英国制造出来，制造者是吉南的女婿费尔。阿尔凡·克拉克用费尔制造的这些玻璃片制成了更大的望远镜，包括为华盛顿的海军天文台（Naval Observatory）制造的66厘米口径的望远镜、为弗吉尼亚大学制造的大小相当的望远镜、为俄罗斯普尔科沃天文台制造的76厘米口径的望远镜形以及为加利福尼亚的利克天文台制造的91厘米口径的望远镜。

费尔去世之后，他的后继者是曼陀伊斯（Mantois）。曼陀伊斯制造的玻璃在纯净度和均匀度上都达到极致，是前人可望而不可即的。曼陀伊斯继续向阿尔凡·克拉克提供玻璃片，令其得以为威斯康星的叶凯士天文台号制造出最大望远镜的物镜，这架达到102厘米口径的望远镜至今依然是世界上最大的折射望远镜。

此时的望远镜在机械方面已经取得了很大进步。到现代天文台参观的人不仅会惊讶于天象观测的便利条件，更会对观测的高明程度佩服不已。大型望远镜被安置得非常平稳，也很容易被推动，它的快速运动则由电机控制。如果想将望远镜移动到新的位置，天文学家只需按一下电钮就可以实现。同时天文台的圆顶也会转动，促使缝隙对准新方向，观测者脚下的木板也可以随意升降，以便观测者能够贴近目镜的新位置。

现代的光学望远镜充分利用了电脑的自动控制功能，这种自动控制显著改善了大型望远镜的操作性和观察性。

也有许多使用大型望远镜的研究会将目镜拆除，用其他工具替代，例如安装一件类似于装置底片的东西进行天象摄影，或者安装一座分光镜分析天体的光，又或者安装一种特殊装置记录天体的辐射强度。望远镜的重要功能是收集光，将许多光集中在一个焦点上，可以让人用前面讲到的或其他各种方法进行研究。还有一些望远镜是固定的，例如威尔逊山天文台（Mount Wilson Observatory）上的塔式望远镜。天体的光被活动的镜子折射到望远镜中，再由望远镜将光集中到焦点上，以利于实验室中的研究。

反射望远镜

通过前面一节内容，相信大家已经明白，物镜是一个透镜或许多透镜的组合，被安装在镜筒的最上面。它能将星光折射到镜筒下方的焦点上，在这个地方形成影像，我们可以用目镜来观察这个影像，可以摄影，也可以使用其他方法进行研究。伽利略使用的早期望远镜以及当时所用的望远镜都是折射望远镜，将这种望远镜通过消色方法改良之后依然具有最普遍的用途。

反射望远镜的结构与折射望远镜完全不同，它的物镜是一个凹镜，安装在镜筒的最下面，将星光反射到镜筒最上面的焦点上。反射望远镜在使用中会面临很多问题，其中一个也是最关键的问题是，光线会沿着来路反射回去。如果想看清楚焦点上的成像，观察者必须从上面看镜子；如果观察者正对着镜子看，他就会从镜子里看到自己的倒影，他的头部和肩会挡住射向镜子的光线。所以需要想办法使光线向其他方向反射。由于使用的方法不同，出现了很多不同的反射望远镜系统。目前应用的有主焦点系统、牛顿系统、卡塞格林系统、格雷果里系统以及折轴系统等，我们主要介绍一下牛顿式（Newtonian）和卡塞格林式（Cassegrainian）。

牛顿式反射望远镜是最常用的望远镜，是将一个倾斜的反射镜放置在镜筒中接近筒顶的焦点之内。其反射面与望远镜的主轴成 45° 的夹角，从而可以将光线向侧面反射到镜筒边上的一个普通目镜上。从图 2–2 中我们可以看到，牛顿式反射望远镜的观察口在镜筒上端左边附近，观察者透过目镜望向的方向与他观察的星星成直角。大型反射望远镜的观测台连在旋转圆顶上，并且正对着缝隙，这样容易升降，使观察者可以在适合的位置观察望远镜指向的任何方向。

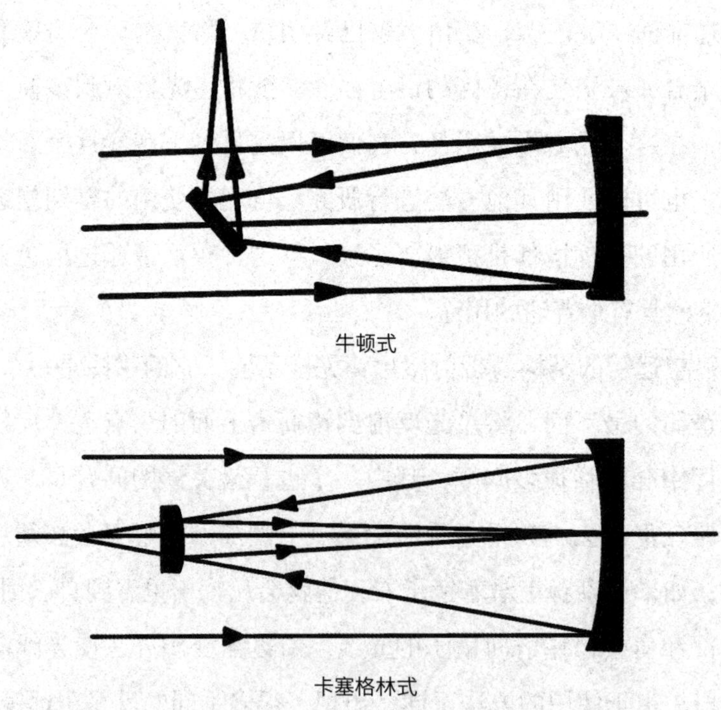

图 2–2　牛顿式和卡塞格林式反射望远镜系统

卡塞格林式望远镜，主镜和焦点之间夹着一片曲度很小的反射镜片。主镜的中心开了个小口，小镜将汇聚的光柱反射到大镜上，然后通过主镜中心的小口，在镜后形成焦点，而目镜就放置在这个地方。使用这种望远镜的观测者朝他观测的物体看去，与他使用折射望远镜时相同。多数反射望远镜既可采用牛顿式，也可采用卡塞格林式。

反射望远镜的优点很多，例如没有色差、观测范围广、与折射望远镜相比更容易制造等。但它的不足之处也不少：口径越大视场越小，物镜需要定期镀膜等。现代许多大口径的望远镜大都是反射望远镜。

反射镜开始普遍应用是在 300 年前，尽管在更早的 50 年前，牛顿、卡塞格林等就已经对其中原理进行了解释。威廉 · 赫歇尔爵士等人也制造出了许多反射望远镜，其中一些望远镜被用来观测天象。爱尔兰的业余天文学家罗斯爵士在 100 多年前制造了一架直径为 1.8 米的大型反射望远镜，这架望远镜在当时被称为巨无霸，它之所以广为人知，是因为人们通过它第一次观测到了遥远天体的漩涡结构，这些天体后来被命名为旋涡星云。

早期的反射望远镜使用金属盘制作镜子，镜面变暗后需要再磨光。与现代的望远镜相比，赫歇尔、罗斯等人制造的大型望远镜明显粗糙得多。早期的反射望远镜无法准确地追逐天体向西运动，而这对于摄影来说非常重要，或者更准确地说，在现代天文学的观测中非常重要。

大约 200 年前，玻璃才取代了金属。将圆玻璃的一面打磨成需要的形状是很关键的，而且它的曲面还需要镀上一层很薄的银膜或铝膜。

对红外区和紫外区而言，这层膜有很好的反射率，适于在较宽的观测范围内研究天体的光谱和光度。如果镀膜变暗淡，更换起来也很方便。为了避免反射望远镜产生视差，视场往往比较小，所以经常会用增加像场改正透像的方法扩大视场。需要注意的是，在选择反射镜的材料时，材料的膨胀系数和应力要小，且容易磨制。

1918 年底，海尔带领团队制造出的口径达 254 厘米的胡克望远镜正式启用。天文学家使用这架望远镜首次观测到银河系的大小，以及我们在银河系的位置。天文学家哈勃（Hubble）还用这架望远镜研究天体，发表了宇宙膨胀理论。

到了 20 世纪 30 年代，技术的发展促使天文学家们对建造更大的反射望远镜充满信心。1948 年，美国帕洛马山天文台制造出 508 厘米口径的望远镜，并以望远镜制造大师海尔的名字命名。这架望远镜历时 20 多年制造完成，尽管它的分辨能力超过胡克望远镜，但它并没有使我们对宇宙产生更好的认识。天文学家阿西摩夫就指出："海尔望远镜与 50 年前的叶凯士望远镜类似，似乎预示着一种特定类型望远镜的终结。"果然，阿西摩夫的结论很快得到了验证：1976 年，苏联在高加索制造出一架口径达到 600 厘米的大型望远镜，但它也没有发挥重要作用。

折反射望远镜

折反射望远镜诞生于1814年，它由折射元件和反射元件构成，是在球面反射镜的基础上加入了用于校正像差的折射元件，既省去了困难的大型非球面加工步骤，又达到了成像质量要求。德国光学家施密特在1931年想出一种特别的方法，将一块接近平行板的非球面薄透镜作为改正镜，与球面反射镜结合，制造出能够消除球面和轴外像差的折反射望远镜，这种望远镜同样以制造者施密特的名字命名。施密特望远镜视场大、像差小，在拍摄暗弱星云时尤其能突显效果。

1940年，又诞生了其他形式的折反射望远镜，其中马克苏托夫将一个弯月形状的透镜作为改正透镜，制造出的折反射望远镜就很有代表性。这种望远镜的两个表面是两个曲率不同的球面，相差很小，但曲率和厚度都非常大。它的所有表面都是球面，与施密特望远镜相比，它的改正板更容易磨制，镜筒也比较短，但视场却不及施密特望远镜，而且对玻璃的要求更高。

折反射望远镜非常适合业余的天文观测和天文摄影，施密特望远镜和马克苏托夫望远镜就是现在主要的天文观测工具。

望远镜照相术

天文学的巨大进步之一就是摄影技术在天体研究上的应用。早在19世纪40年代，纽约著名的化学家德雷珀教授就成功地完成了一张月球的银版照相（daguerreotype）。随着照相技术的发展，哈佛天文台的邦德（Bond）和纽约的天文学家卢瑟福开始将其应用到拍摄星辰上。虽然不能与现代天体摄影技术媲美，但卢瑟福拍摄的昴星团及其他星团的照片至今仍然在天文学研究领域有着重要作用，可见他们已经成功了。

普通照相机其实也可以拍摄星辰，只需要将它安装得如同一架赤道仪一样，就可以用它在周日视运动中追寻星星了。几分钟的曝光就可以捕捉到比肉眼所见更多的星星，如果用大型照相机，甚至可能无须1分钟。不过，天文学家经常使用的是照相望远镜。普通照相机在经过改良后就可以满足天文拍摄的用途，不过为了获得拍摄的最佳效果，望远镜的物镜必须是特别制作的，能够将光线都聚集到一个焦点，这样才能使胶卷达到最佳的感光效果。为照相而设计出的折射望远镜通常比相同口径的目视望远镜更短，这样做是为了能同时看到更大范围的天空。同时，为了让大视野中的像更清晰并减少模糊的颜色，中间的物镜通常是两重，也就是所谓的“双分离物镜”。巴纳德就使用布鲁斯双分离物镜成功地拍摄了壮美的银河和彗星；而哈佛天文台 61 厘米口径的双分离物镜，也大大提高了我们对南天半球的了解程度。只要物镜能够充分消除色散，那么折射望远镜不仅可以用于目视，还可以用于摄影。

随着科技的飞速发展，未来的大部分天文工作似乎都可以借助照相技术完成，大量的摄影照片代替了我们在望远镜上的观测，这些可以长期保存的记录更利于精密的研究。常有这种情况发生，在一个新天体（如新行星或者新星）被发现之后，天文学家可以在更早之前该部分天空的照片中找到这个天体的历史资料。冥王星就是在这种情况下被发现的。

古时候的天文学家用画图的方法努力记录太阳黑子、日食、行星、彗星、星云等天体现象。这些图画需要很长时间才能完成，其中还可能含有记录者的个人偏见。所以，经常会出现两个天文学家绘制的同一天体图画完全不同，或者同一个天文学家在不同时间画出的同一天体不尽相同的情况。但通过照相，我们可以得到更加真实的天体影像，而且花费的时间更短。

天体摄影的最大优点是，经过长时间的曝光，底片上可能会出现许多用肉眼看不清楚或看不到的天体。例如，一些即使通过最好的望远镜也看不清楚的星云，在照片中却非常清晰。当然，如果想对一个非常微弱的天体进行拍摄，由于曝光时间长达几小时，除了准确移动照相望远镜的活动部分外，更需要天文学家高超的技术和非凡的耐性，这样才能拍摄出更好的天体照片。

大型光学望远镜

凯克望远镜（Keck Ⅰ，Keck Ⅱ）：位于太平洋夏威夷岛海拔 4200 多米的莫纳克亚山上，是世界上已投入工作的口径最大的望远镜之一。凯克望远镜以出资建造者凯克的名字命名，共有两台，分别是 1991 年建造的 Keck Ⅰ和 1996 年建造的 Keck Ⅱ，它们的配置相同，而且都被用于干涉观测中。凯克望远镜的整体镜面直径都是 10 米，由 36 块六角镜面拼接而成，每块镜面的直径均为 1.8 米，而厚度仅为 10 厘米，通过主动光学支撑系统，保持了镜面极高的精确度。主要由近红外照相仪、高分辨率 CCD 探测器以及高色散光谱仪三个部分构成。凯克望远镜的天文观测精度可达到毫微米程度，能够带领我们寻找宇宙的起源，让我们看到宇宙诞生的时刻。

欧洲南方天文台甚大望远镜（VLT）：位于智利帕瑞纳天文台，由欧洲南方天文台于 1986 年开始建造，2012 年全部建成并投入使用。这台望远镜由 4 台口径均为 8 米的望远镜组成，既可以单独使用，也可以组成一个光学干涉阵，进行高分辨率观测。4 台望远镜排列在同一条直线上，全部使用地平装置，主镜面重 22 吨，但厚度仅有 18 厘米，采用主动光学支撑系统，指向精确度高达 1 秒，追踪精确度高达 0.05 秒，镜筒的重量为 100 吨，叉臂重量小于 120 吨。它主要为搜索太阳系邻近恒星的行星、研究星云内恒星的诞生、观察活跃星系核内可能隐藏的黑洞以及探索宇宙边缘等提供服务。

大天区面积多目标光纤光谱望远镜（LAMOST）：安放在中国国

家天文台兴隆观测站，是一架中星仪式的反射施密特望远镜，长 50 米、高 30 米，它的有效通光口径为 4 米，焦距为 20 米，视场高达 20 平方度（整个宇宙空间约有 4 万平方度），能同时观测 4000 个目标的光谱。它将主动光学技术应用于反射施密特系统中，在追踪天体运动的同时进行实时球差改正，并且具备了大口径和大视场的功能。LAMOST 的球面主镜和反射镜均使用拼接技术，并且采用多目标光纤的光谱技术，光纤数目高达 4000 根，而普通望远镜仅仅含有 600 根。LAMOST 将极限星等推高至 20.5 等，比 SDSS 计划（美国斯隆数字巡天计划）高出 2 等。2010 年 4 月 17 日，LAMOST 被正式命名为"郭守敬望远镜"。郭守敬是中国元代科学家，在天文、历法、水利和数学等方面都取得了卓越的成就，制订出了通行 360 多年的《授时历》，成为当时世界上最先进的一种历法。

射电望远镜

射电望远镜是探测天体射电辐射的基本设备。1932 年，央斯基以无线电天线探测到银河系中心的人马座方向发射的射电辐射，代表着人类在传统光学波段之外研究天体的开端。1937 年，美国人 G · 雷伯制造出第一架射电望远镜。1946 年，英国曼彻斯特大学制造出直径 66.5 米的固定式抛物面射电望远镜；1955 年，再次制造出可转动抛物面射电望远镜，并且还是当时世界上最大的射电望远镜。20 世纪 60 年代，美国在波多黎各阿雷西博镇建造了直径 305 米的抛物面射电望远镜，这是全世界最大的单孔径射电望远镜，它顺着山坡被固定在地面上，所以无法转动。1962 年，赖尔发明了综合孔径射电望远镜，并因此获得了 1974 年诺贝尔物理学奖。综合孔径望远镜可以让多个小天线结构获得一个大口径天线结构的功能。20 世纪 70 年代，德国在波恩附近建造了直径100米的全向转动抛物面射电望远镜，它是全世界最大的可转动单天线射电望远镜。

射电望远镜可以测量天体射电的强度、频谱以及偏振等量，要求具有高空间分辨率和高灵敏度。天文学上的四大发现：类星体、脉冲星、星际分子和宇宙微波背景辐射，均与射电望远镜有关。射电望远镜的每一次长足进步都让天文学的发展向前迈进一大步。

太空望远镜

红外望远镜：用于接收天体红外辐射的望远镜。红外观测始于18世纪末期，由于地球大气的吸收和散射，在地面上进行的红外观测只局限于几个近红外窗口，想获得更多红外波段信息就必须进行空间红外观测。红外天文学观测从19世纪下半叶正式开始，最初使用高空气球，后来逐渐发展到使用飞机运载红外望远镜或探测器进行观测。1983年1月23日，美国、英国和荷兰联合发射了第一颗红外天文卫星IRAS，这颗卫星的主体部分是一架57厘米口径的望远镜，它的主要任务是巡视天空。IRAS的成功发射极大地推动了红外天文的发展，IRAS的观测到现在仍然是天文学的热点话题。1995年11月17日，欧洲、美国和日本合作的红外空间天文台IS0升空。ISO的主体部分是一架60厘米口径的R–C式望远镜，功能和性能都比IRAS完善。ISO优于IRAS的方面：波段范围大、空间分辨率高、灵敏度高（大约是IRAS的100倍）。

紫外望远镜：紫外波段是介于X射线和可见光之间的频率范围，观测波段为100至3100埃。在观测紫外波时，需要避免臭氧层和大气层对紫外线的吸收，所以只能在150千米以上的高空。从一开始利用气球将望远镜带到高空中观测，到后来使用火箭、航天飞机、卫星等空间技术，紫外观测有了很大的发展。1968 年，美国成功发射 0A0–2 卫星，随后欧洲发射了 TD–1A 卫星，它们的主要任务都是观测天空中的紫外辐射。1972 年，美国的 OAO–3 卫星发射升空，并被命名为“哥白尼”号，装载着一架 0.8 米口径的紫外望远镜，正常工作了 9 年，观测到 950 至 3500 埃的紫外光谱。1990 年 12 月 2 日到 11 日，美国的“哥伦比亚”号航天飞机搭载天星一号天文台（Astro–1）进行了空间实验室第一次紫外光谱的观测；从 1995 年 3 月 2 日开始，天星二号天文台（Astro–2）完成了为期 16 天的紫外天文观测。1999 年 6 月 24 日，FUSE 卫星发射升空，这是美国国家航空航天局（NASA）“起源计划”中的一个项目，主要任务是要回答天文学上有关宇宙演化的基本问题。在全波段天文学中，紫外波段是非常重要的组成部分，自“哥白尼”号成功升空至今，已经陆续发展了紫外波段的 EUV（极端紫外）、FUV（远紫外）、UV（紫外）等多种探测卫星，将全部紫外波段完全覆盖了。

X 射线望远镜：X 射线辐射的波段是 0.01 至 10 纳米，其中波长较短，也就是能量较高的被称为硬 X 射线，波长较长的被称为软 X 射线。天体中的 X 射线无法达到地面，在人造地球卫星升空后，天文学家才得到关于 X 射线的重要观测结果，X 射线天文学也得以发展起来。1962 年 6 月，美国麻省理工学院的研究小组首次接收到从天蝎座方向传来的 X 射线，令 X 射线天文学进入了快速发展轨道。之后，高能天文台 1 号和 2 号成功发射，X 射线波动的巡天观测由此展开，X 射线的观测研究也向前跨出了一大步，迎来了 X 射线的观测高潮。

γ 射线望远镜：γ 射线相较硬 X 射线，有能量更高、波长更短的特点。由于地球大气的吸收，对 γ 射线的天文观测只能通过高空气球和人造卫星搭载仪器进行。1991 年，美国通过航天飞机将康普顿空间天文台（CGRO）送入地球轨道。它的主要任务是对 γ 射线波段进行首次巡天观测，同时也对能量较高的宇宙 γ 射线源进行灵敏度高、分辨率高的成像、能潜测量以及光变测量等，取得了许多有意义的科研成果。CGRO 配备了 4 台仪器，它们在规模和性能上都比以往的探测设备有显著的提高，这些设备促进了高能天体物理学的发展，也标志着 γ 射线天文学进入成熟阶段。

哈勃太空望远镜（HST）：空间技术的进步，让在大气外进行光学观测成为可能，空间望远镜也由此诞生。空间观测设备与地面观测设备相比，具有显著的优势。首先，接收的波段范围更广，短波能够达到 100 纳米；其次，消除了大气抖动的不利因素，望远镜的分辨能力大大提高；另外，空间中没有重力，仪器不会由于自重出现变形。HST 是美国国家航空航天局主持建造的 4 座巨型空间天文台之一，也是天文观测中规模最大、投资最多、最引人注目的一个项目。HST 于 1978 年开始筹建，历时 7 年完成设计，并于 1990 年 4 月 25 日由航天飞机运载升空。但由于人为因素导致了主镜光学系统的球差，美国国家航空航天局不得不在 1993 年 12 月 2 日对其进行大规模修复。设计用来改正主镜球面像差的仪器被称为“空间望远镜光轴补偿校正光学”（COSTAR），包含两个在光路上的镜子，其中一个可以校正球面像差，光线被聚焦到暗天体照相机、暗天体光谱仪和高达德高解析摄谱仪。这次修复很成功，让 HST 的分辨率高出地面大型望远镜几十倍！2020 年 1 月，一个国际天文学家团队利用 HST 发现了迄今已知的最遥远、最古老的星系群，这个三重星系群被称为 EGS77。更重要的是，观测表明这个三重星系群参与了早期宇宙被称为“再电离”的改造过程。EGS77 大约诞生于宇宙大爆炸后 6.8 亿年，当时宇宙年龄还不足现今 138 亿岁的 5%。

第三章 太阳、地球和月球

太阳系的概况

我们居住的行星所在的天体系统是太阳系。我们已经对包括地球在内的这群小型天体是如何自成体系有所了解了。对于宇宙而言，太阳系是渺小的，但对于人类却有着非常重要的意义，是我们的生存基础。在对太阳系的重要组成部分进行详细介绍之前，我们先简要了解一下太阳系是由什么构成和如何构成的。

首先要讲的一定是太阳。这个天体被命名为太阳，它的重要性可见一斑。太阳是位于太阳系中央的一个巨大球体，不停地向外辐射光和热，并且凭借自身强大的引力维持着整个太阳系的运行。

接下来是各种行星。它们在各自的轨道上环绕着太阳运行，我们赖以生存的地球就是其中的一颗。行星这个词的本意为“游移不定”，古人之所以这样命名，应该是因为行星会在恒星之间穿梭，而不是固定不动。行星可以分为截然不同的两类：大行星和小行星。

太阳系中有八颗大行星，是整个系统中仅次于太阳的最大天体，它们与太阳之间的距离由远至近有规律地排列。最近的是水星（距离太阳5800万千米），绕太阳一周只需要3个月；最远的是海王星（距离太阳约45亿千米），绕太阳一周要近165年。

八颗大行星若按质量大小和结构特征来分，又可以分为类地行星和类木行星。主要由石、铁等物质构成的类地行星，它们的特点是体积小、密度大、自转速度慢以及卫星少。水星、金星和火星都是类地行星。类木行星主要由氢、氦、氨、甲烷等物质构成，它们的特点刚好与类地行星相反，体积大、密度小、自转速度快，不仅卫星众多，还有由碎石、冰块或气尘组成的美丽光环。类木行星的成员包括木星、土星、天王星和海王星。

大行星被分为两个团体，距离太阳较近的四颗为一个团体，其余四颗为一个团体。两个团体之间有一道很宽的间隙，组成内层的四颗类地行星比外层的类木行星小，它们的体积总和还没有外层最小的行星体积的1/4大。在两个大行星团体之间运行的是无数小行星。与大行星相比，小行星非常小，几乎都集中在一条宽宽的带状区域，如果以太阳为参考，这条带状区域的范围从离地球不远的地方开始，一直到几乎10倍于地日距离为止。大部分小行星与太阳的距离都是地球与太阳距离的3至4倍。这些小行星与大行星最大的不同是数量特别多，还有更多新的小行星不断被发现，因此总数难以确定。

太阳系中的第三类天体是卫星，比如月亮。它们常常围绕着大行星运行，伴随大行星围绕太阳公转。就我们目前所知，除了最内层的水星和金星没有卫星外，其他行星都有数目确定的卫星。地球只有一颗卫星，就是月球；外层的土星已经被发现了82颗卫星；木星被发现的卫星有 79 颗[1]。因此，除了水星和金星之外，其余每颗大行星都位于一个类似于太阳系的系统的中央。好比太阳系以位于中心的太阳命名一样，这些系统也以中心天体的名字命名。如由火星及其卫星组成的火星系，由木星及其 79 颗卫星组成的木星系，由土星、土星环及其 82 颗卫星组成的土星系。

太阳系中的第四类天体是彗星。它们绕太阳运行的轨道是一个很扁的椭圆形状。我们只能在彗星接近太阳时才能看见它们，它们中的大部分需要我们等上几百年甚至几千年才会出现一次。即使彗星出现了，也需要很好的观测条件，情况稍有不利，我们依然难以一睹它们的真颜。

除了以上我们讲到的这些天体，还有许多微小的岩石块（我们称其为流星体）也沿着固定的轨道围绕太阳运行，它们都与小行星和彗星有一些联系。如果它们没有恰好进入地球周围的大气层中，形成“流星”，我们是无法看到它们的。

1　截至 2019 年发现的卫星数量。——编译者注

下面这个表格是以距离太阳远近的顺序排列的行星及其卫星数量：

类别	行星名称	卫星数	光环情况
内层大行星	水星（Mercury）	0	无
	金星（Venus）	0	无
	地球（Earth）	1	无
	火星（Mars）	2	无
	小行星	0	无
外层大行星	木星（Jupiter）	79	有
	土星（Saturn）	82	有
	天王星（Uranus）	27	有
	海王星（Neptune）	14	有

表 3-1　行星及其卫星数量

在这本书中，我们不会按这个表格的顺序来为大家讲述各大行星。我们将在介绍完太阳之后，跳过水星和金星，先来认识地球和月亮，然后再叙述其他行星。

太阳

太阳位于太阳系中央，是星系中最大的天体，当然会首先引起大家的注意。我们知道，太阳是一个发光发热的巨大球体，但这个球体有多大、距离我们有多远？我们需要先了解一下。知道了太阳到地球的距离，那么太阳的大小就能算出来。这是最初级的几何知识：我们可以测量出太阳直径在我们视野中的视角，然后只要知道了太阳与我们的距离，就可以计算出太阳的直径。这是一道非常简单的三角问题。现在，我们精确测量出，太阳在我们视野中的角度是 32 分，那么太阳与我们的距离就是它直径的 107.5 倍，所以用太阳到地球的距离除以 107.5 得到的数值就是太阳的直径。

所有测量结果显示，太阳到地球的平均距离是 14960 万千米，除以 107.5 得出太阳的直径大约是 139 万千米，大约是地球直径的 110 倍。这样，我们也就知道太阳的体积大约是地球体积的 130 万倍。

太阳的平均密度是地球平均密度的 1/4，约为水的密度的 1.4 倍。太阳的质量约为地球质量的 33.2 万倍。太阳表面的重力约为地球表面重力的 28 倍。如果我们能站到太阳上去，那么我们会被自己的重量压倒。

太阳对我们之所以重要，是因为它可以提供光和热。假如失去来自太阳的光热，地球不仅会被无尽黑夜笼罩，而且很快就会陷入永久的严寒中。众所周知，地面会在夜晚将白天从太阳吸收而来的热量又散发到空中，所以夜晚气温会低于白天。如果失去白天的供给，热量就会一点点流失。想象一下，如果我们没有了太阳会是什么情况：失去光明是必然的，月亮和一些较明亮的行星也会变得暗淡，以至于我们基本无法看到它们。而满天都是平时很难见到的众多星星，只是由于它们的距离太过遥远，并不能带给我们光明和温暖。我们会开始觉得冷，像冬天的夜晚一样。而这只是开始，由于不再有黎明到来，气温会因此持续下降，最终将比南北极更加寒冷。同时，因为没有阳光，无法进行光合作用，植物将无法存活。这已经不重要了，因为不断下降的气温会将生物全部冻死。虽然水有储存热量的功能，海洋的温度下降得较慢，但是一段时间之后，所有的海洋都会冻冰。大气在持续下降的温度中液化，地球最后将变成银白色的死寂星球。

回到现实中，让我们来继续分析这个重要的天体吧！

我们将平常看到的太阳表面称为“光球”（photosphere），这个词可以很好地区别太阳的可见表面和庞大的内部。在我们眼中，光球的各部分均匀一致，但通过带滤光镜的望远镜就会看到，太阳的整个表面是斑驳的。在更好的条件下仔细观察，我们会发现光球表面布满了不规则的小颗粒。

当我们对光球各部分的光度进行对比时会发现，球面中心的亮度远远超过边缘部分。哪怕不用望远镜，也能看出这种区别。如果我们用一块黑玻璃挡住眼睛，或者在黄昏时分观察落日，就会发现太阳边缘的亮度不高，最边缘的亮度大约是中央亮度的一半。同时，边缘和中央也有颜色上的区别，边缘的光比中央的要暗红很多。

我们在观测太阳时，光球就是所能观测到的极限，无法看到太阳的内部结构。尽管光球看起来很光滑，像一个皮球，但它的密度非常低，只有空气密度的万分之一。我们看这一层时，视线也要穿过几万千米的太阳“大气”。由于这种大气非常厚，光球的圆面边上就会更黑更红。在太阳大气更高更冷的地方，那里的光更红，也更加微弱。

太阳的自转

经过更加细致的观察我们会发现，太阳与地球相似，也绕其中心的轴自西向东转动。与描述地球的情形一样，我们将转轴和表面相交的两点称为太阳的“极点”，将两极中间环绕太阳的一圈称为“赤道”。太阳赤道的自转周期是 25.4 天，太阳赤道的长度大约是地球赤道长度的 110 倍，因此它的自转速度是地球赤道自转速度的 4 倍多，大约为每秒 2000 米。

太阳自转的独特之处在于，离赤道越远的地方自转周期越长，而在太阳南北极附近，自转周期大约是 36 天。如果太阳和地球一样也是固体，那么太阳各部分的自转周期就应该是相同的。这样看来，太阳一定不是固体，至少表面一层不会是固体。

太阳赤道与地球赤道平面呈 7° 的夹角。太阳赤道的方向在我们看来，春季时，它的北极背离我们 7°，而能够见到的圆面中心则在太阳赤道南部大约 7° 的位置；到了夏季和秋季，情况则恰好相反。

太阳的黑子和耀斑

我们在用望远镜观察太阳时，通常会在其表面看到一些近似黑色的斑点，我们将这些斑点称为“太阳黑子”(sunspot)。这些黑子随着太阳自转运动，也正是借助这些黑子，我们很容易测定太阳的自转周期——太阳视圆面中央出现一个太阳黑子，六天之后，这个黑点会移动到西部边缘，并在那里消失；大约两周后，这个黑子在东部边缘上重新出现。

太阳黑子大小不一，存在很大区别，有的微小到即便使用性能最好的望远镜也很难发现，而有的则大到用肉眼透过一块涂黑的玻璃就能看到。太阳黑子通常都是成群出现，我们有时可以用肉眼看到一小片黑子群，而单粒黑子则难以看见。单个太阳黑子的直径有的可达8万千米，最大的黑子能遮住太阳表面的1/6。

随着数目的不断增加，黑子会按与太阳赤道平行的圈子展开。以太阳自转方向来讲，领头的黑子大多是群体中体积最大且寿命最长的，常常是其他的黑子都不见了，它依然存在。一群黑子中比较大的基本都是最后形成的，并且常常剩下一些单个成员。黑子中央更暗的部分被称为“本影”，边缘较亮的部分则被称为“半影”。在分散的过程中，黑子会分裂为一些不规则的碎片。

经过人类400年来对太阳黑子的观测[1]，我们发现太阳黑子的出现频

---

1 意大利天文学家伽利略于公元1610年首次通过望远镜观测到太阳黑子，而在我国史书中也有丰富的黑子目视记录，仅正史就有100多次。现在公认的世界上第一次明确的黑子记录是公元前28年由我国汉朝人观测到的。在《汉书・五行志》里这样记载："成帝河平元年三月乙未，日出黄，有黑气，大如钱，居日中央"。——编译者注

率是有规律的，大约以 11 年为周期。在某些年份，太阳表面的黑子较少，大约有半年的时间看不到，1889 年和 1900 年就是这样。接下来的一年，会有少量数目的黑子出现，此后 5 年内逐渐增加。之后，又开始一年年减少，直到这个周期结束，活跃度将再次增加。这种规律的变化早在伽利略时代就被人们发现了，直到 1843 年，施瓦布确立了黑子的周期率。

太阳和地球上的许多现象都遵循太阳黑子数目以 11 年为一循环周期的变化，深红的“日珥”（prominence）常常出现在黑子数量最多时；“日冕”（corona）则随着黑子数目的变化而改变形状；会扰乱无线电信号传输、破坏精密的电子设备等的地球上的“磁暴”（magnetic storm）也和黑子的强度大小以及出现频率一致；“极光”（aurora）也是在黑子数量最多时更频繁而壮观地出现。

太阳黑子的形成及其周期性显然与太阳的磁场有着密切关系。当前非常热门的太阳发电机理论，就试图通过研究太阳对流层中的流体运动与磁场的相互作用，解释太阳黑子的周期性和太阳磁场是如何维持的。1919 年，拉莫尔提出了太阳发电机的概念；1955 年，帕克提出了自激发电机理论，为湍流发电机理论奠定了物理基础。根据这种理论，在磁场很强的太阳活动区才会出现太阳黑子，内部的相互作用会产生周期性振荡，表面磁场也会随之出现微小变化。

太阳黑子的出现还有一个值得注意的规律：太阳表面并非全都有黑子，而是特定的太阳纬度上才有。太阳赤道上就很难见到黑子，在赤道的南北方向上太阳黑子逐渐增多，以南北纬的 15° 到 20° 的数目最多，接着慢慢减少，纬度在 30° 以上就很少见了，如图 3–1 所示，阴影越重的地方黑子活跃度越高。如果我们用一个圆表示太阳，黑点表示太阳黑子，将观察到的黑子都画在相应的位置上，几年之后得到的就和图 3–1 一样。

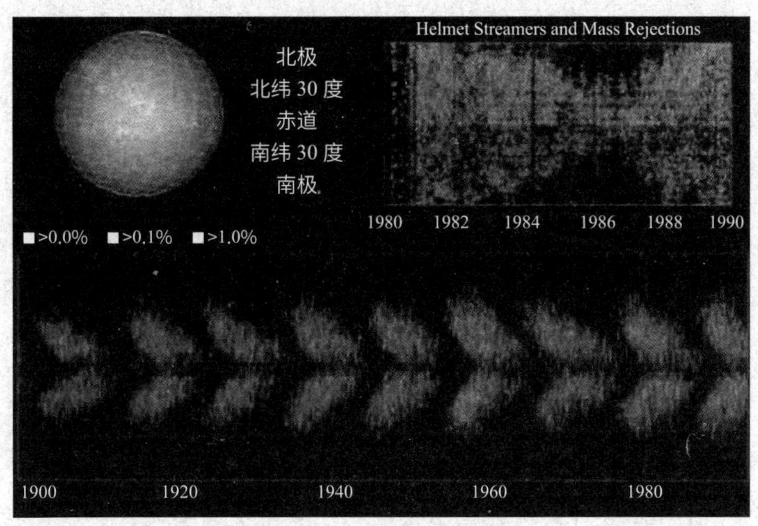

图 3–1　太阳黑子周期变化

太阳表面除了黑子，还常常出现一些比光球更明亮的斑点，这些斑点往往出现在黑子附近，也就是所谓的“耀斑”(facula)。

黑子的出现表示太阳上有风暴发生，这和地球上的飓风类似，只是更加剧烈。炙热气体在太阳旋涡中快速上升，到达比内部压力小很多的光球之后，这些气体会喷发出来，并迅速冲出表面。这种膨胀的结果会使周围的温度稍微降低一点，这一区域的光亮因此削弱，太阳黑子也由此形成。事实上，菌状旋涡的平顶部分仍然很热很亮，因为与周围平静的太阳表面相比，温度更低，看起来就比较暗淡。

地球的自转使地球上包括飓风在内的所有旋涡在北半球是逆时针

转动，在南半球则是顺时针转动。太阳黑子也一样，太阳赤道南部和北部的黑子在旋转的方向上正好相反，太阳的自转方向也就很容易分辨。但是，太阳上的风暴比地球上的风暴复杂得多，因为领头的黑子和随从的黑子在旋转方向上常常相反，而更靠后生成的黑子的旋转方向受到已经存在的黑子群的影响，会变得更加复杂。

在100多年前，美国的海尔和法国的德朗德各自独立发明了太阳单色光照相仪（spectroheliograph）。这是连接在望远镜上的一部分，用它可以单独给某一特定的元素发出的光照相，当利用这种仪器给太阳进行氢光摄影时，会拍摄到“谱斑”（flocculus）相片，观察太阳黑子附近的形态分布，可以看到旋涡的存在。

为了消除大气层对太阳观测的不利影响，20世纪60年代以来，空间探测器以及各种探测太阳的人造卫星陆续被发射升空。这些携带了各类精密仪器的卫星对太阳进行了全方位、多角度的研究，其中包括黑子周期现象，并且取得了很大成果。有了它们的帮助，我们可以更准确地预报太阳黑子和耀斑的爆发，从而避免磁暴对电子设备的损害。

日珥与色球

日珥是太阳的另一个明显特征。人类在研究太阳这个神秘而美丽的部分时，有过一段很有趣的历史，我们将在后面讲述日食时再详细告诉大家。日珥是从太阳各部分射出来的非常稀薄灼热的大团气体。它们非常大，地球投入其中就好比一粒沙子投进了蜡烛的烈焰中。这团气体升起时的速度相当可观，有时高达每秒数百千米。与耀斑一样，日珥会在太阳黑子密布的地区出没，但又不仅仅局限于这些地区。地球大气层的光反射形成了环绕太阳的炫目光芒，这样的光芒让我们完全无法用肉眼看到日珥，哪怕用正规的天文望远镜也不行，除非出现日全食——月球遮挡住了太阳的光芒才能看到。那时，日珥好像是从黑暗的月亮边上升腾起来的火焰，肉眼即可观测。

日珥有两种表现形式——爆发日珥和宁静日珥。爆发日珥就像从太阳上升起的巨大而翻滚的火浪；宁静日珥却似乎悬在太阳上面静止不动，像空气中飘浮的云朵一样。我们还不明确是什么东西支持着日珥，但极大可能是太阳光的排斥力。

光谱分析的结果表明，日珥由氢、钙以及少量其他元素构成。由于含有大量氢元素，日珥呈现出红色。对日珥更进一步的研究发现，日珥与包裹在光球上面的气体薄层有关。这个薄层被称为“色球”（chromosphere），因为它有和日珥一样的深红色，因此推断色球的构成与日珥一样，主要成分也是氢。

最后一个值得我们注意的太阳最外层的附属品是“日冕”。日冕是只有在日全食时才看得到的环绕太阳的柔和光辉，是太阳放射出的长长光线，其长度有时可以超过太阳直径。它由极端稀薄的气体组成。我们也会在后面讲日食时详细介绍它。

太阳的构成

现在让我们回顾一下我们所了解和看到的太阳是如何构成的。

首先，这个球体有一个我们永远看不到的巨大内部。

我们看向太阳时，肉眼所见的太阳表面是光球，但光球并不是真正的太阳表面，只是球体光度最大的部分，或者说更像一个几百千米厚的气体层。这个气体层上有斑驳的黑子以及从其内部或上面产生的耀斑。

光球顶上的气体层被称为色球，可以用高倍望远镜在任何时候观测到，但想直接用眼睛看却只能在日全食的时候才行。

火红色的色球喷发出的同样红的火焰被称为日珥。

围绕在整个球体外面的是日冕。

上面这些内容就是我们所看到的太阳。那它究竟是什么呢？首先，它的形态是固体、液体还是气体呢?

太阳的自转性质表明，其看得见的表面并不是固体，而它极高的温度也证明它既不是固体也不是液体。一直以来，大家都认为太阳内部是一大团气体，这种气体是具有很多奇妙性质的物质状态，被太阳上巨大的引力压缩成液体的密度。根据物理理论，我们认为理想气体的状态方程仍然适用于太阳内部，所以我们也可以将其看作是气体。

没有人否认太阳一定是极热的这个结论。虽然我们距离它有 1.4 亿多千米，但在炎炎夏日仍然可以感受到它的强大威力，因此太阳本身当然更是热极了。通过适当的测算也可以验证，作为太阳辐射直接来源的光球，其温度高达 6000℃以上。

尽管用了不同的方法测量太阳的表面温度，但得到的结果都是相同的。这些方法遵循了相同的原则：辐射体温度与辐射功率之间有密切关系。例如，辐射与温度的四次方有比例关系——这就是斯特藩 – 玻尔兹曼定律（Stefan-Boltzmann law）。斯特藩 – 玻尔兹曼定律让我们认识到，如果辐射体的温度升高 1 倍，它辐射出的热量就要增大 16 倍。

假设将 1 厘米水深的冷水放在平底盆中，接受太阳光的直射。1 分钟后，如果不受空气的影响又没有热量损失的话，水的温度将会升高大约 2℃。

故此，如果一个由一层 1 厘米厚的冷水组成的球形壳层，半径等于地球和太阳之间的距离，将太阳正好围在正中，那么 1 分钟后冷水的温度就会升高。因为太阳已经被这一壳层完全包住，所以我们会在 1 分钟之内接收太阳的全部辐射。

按这样的测算方式，可以得出从太阳表面不断流出的能量达到了每平方米 6.2 万千瓦。根据辐射定律，又可以推算出太阳的温度。这次我们可以不再用水盆或普通温度计，已经有一种很精巧的仪器可以帮助我们得到数据，这就是太阳热量计（pyrheliometer）。将太阳热量计应用到观测中，已在史密森天体物理天文台（Smithsonian Astrophysical Observatory）的各分部进行了许多年。

我们无法看到光球以下的太阳内部，因此想对太阳内部情况有一个明确的概念是非常困难的。但越深处的压力与温度越高，由此我们可以进行假设。1870 年，美国物理学家莱恩（Lane）就进行过太阳内部温度的计算，他假设太阳内部的各处都处于一种平衡的状态，下面热气体的膨胀力支持着每一点上物质的全部重量。关键是计算出内部温度要高到什么程度才不会让太阳被自己的重量压碎。

20 世纪 30 年代，英国的爱丁顿（Eddington）、詹姆斯（Jeans）以及米尔恩（Milne）等人将研究太阳及星辰内部的理论作为重点。爱丁顿计算出太阳中心的密度约为水的 50 倍，而温度约为 3000 万℃至 4000 万℃；米尔恩推算出的太阳中心密度与温度比爱丁顿得出的数值大得多。按照目前的太阳模型推算，太阳内核的气体被极度压缩，其中心密度是水的 150 倍，而温度约为 1560 万℃！

太阳热能的来源

正如我们上面讲到的，太阳表面不断流出的能量达到每平方米 6.2 万千瓦，已知太阳的直径是 140 万千米，我们很容易算出它的表面积为多少，这巨大的数目再乘以 6.2 万，得出的就是以千瓦为单位的太阳不停释放出的全部能量。但是，当面对地质学家和生物学家提出的"太阳以同样的强度已照耀地球 5000 万年"的理论时，我们会遇上一个关键而困难的问题。

太阳的热能来源于哪里？如何维持？当然如我们前面所讲，光球会产生直接的热源，可是一定还得有新的能量供给不断地到达光球，才能有持续不断的辐射。那么，这种使太阳照耀了 5000 万年的、仿佛永不枯竭的内在供给的来源到底是什么呢？

根据能量守恒定律，能量可以由一种形态变为另一种形态，但不可能无中生有，宇宙间能量的总量也不能增加。除非太阳有从外部不断接收能量的途径，否则它的能量储藏量一定会减少。这样的话，能量储藏量总有一天会完全耗尽，太阳会渐渐暗淡下去，最终完全无光。但是太阳一百年又一百年地照耀着，其光辉看起来丝毫未减，这是怎么回事呢？

200 多年前，物理学家亥姆霍兹（H. Helmholtz）提出了太阳热的收缩学说，这种学说在之后的很长一段时间内都被当时的科学家广泛认同。亥姆霍兹的观点是：如果太阳半径每年收缩 43 米，就足够产生一年中由辐射失去的热量。按照这个观点，太阳从前更巨大、更稀薄，太阳将来会紧密到无法收缩以适应由辐射带来的热的损失。几百万年以后，它将会冷得不能再为地球上的生命提供光和热。

收缩学说为世界勾勒出一幅暗淡的远景，因为它显示了生物世界的末日或许就在很短的时期之后——至少以天文学尺度来说是很短的。但到了 19 世纪初，收缩学说遭到了学术界的强烈质疑——不论从多大的体积收缩到现在，太阳按现在这样的发光率，只需 2000 万年多一点就完全得到充分的热量了。但按照这样的比例，太阳照射的时间一定比这个时期要长得多。这样一来，收缩学说就无法解释太阳在过去是如何持续辐射的了，我们自然也无法相信它对将来的预言。事实上，并没有明确的证据证明太阳在逐渐收缩，因此这一理论渐渐被人们抛弃。

20 世纪初，相对论以及核物理学的发展让人们逐渐认识到，核能的释放为太阳和恒星提供了能源。光谱观测的结果表明，恒星物质内部含有相当丰富的氢，而氢是很好的产能原料。高温和高压的共同作用使氢聚变成氦的同时，释放巨大的核能，因此可以维持太阳和恒星向外辐射达数十亿年之久。

1926 年，英国剑桥大学著名的天文学教授亚瑟·爱丁顿（Arthur Eddington）出版了一部关于恒星内部情况及其物理特性的卓越著作——《恒星内部结构》(*Internal Constitution of the Stars*)。爱丁顿在书中提出，太阳通过重力将物质聚集在一起，并将它们拉向中心。由于太阳内部高温气体产生的压力与重力方向相反，会将物体向外推出，两个力互相平衡。当达到这个平衡点时，根据经典力学和热力学原理，我们可以算出恒星的中心温度达到 4000 万摄氏度左右。在这样的温度下，氢核会发生聚变，为太阳和恒星提供强大的辐射能量。

爱丁顿的学说同样遭到了物理学家们的竭力反对。他们认为 4000 万摄氏度太低了，不足以克服原子核之间极其强大的电磁力。想真正实现这一聚变，温度应达到几百亿摄氏度。但是，美籍俄裔核物理学家和宇宙学家乔治·伽莫夫（George Gamow）通过实验证明这些物理学家们的猜测并不正确。伽莫夫认为，尽管镭核内的粒子受到核力的约束，但按照现代量子理论，它们存在分裂出 α 粒子的可能，哪怕发生这种过程的概率很小。核力束缚了镭核中的粒子，就好像有一座堡垒从外边将它们包围住一样，粒子的能量无法越过这座堡垒跑到外边去。量子力学却认为，核内粒子的通过途径并非只有堡垒的上面，而是借由穿过堡垒的一条隧道达成，人们将这种现象形象地称作“量子隧穿”。伽莫夫进一步指出，粒子如果能够由内向外穿过堡垒，那么它也应该能够由外向内穿过堡垒进入原子核内。

1929 年，英国天文学家罗伯特·阿特金森（Robert Atkinson）和德国核物理学家弗里茨·豪特曼斯（Fritz Houtermans）合作，将伽莫夫的量子隧穿理论应用到恒星内部能量的问题上，发表了一篇题为《关于恒星内部元素结构的可能性问题》的文章。他们在文章中提出：恒星内部的质子也可以通过“隧道”越过势垒[1]很高的堡垒，接近到可以发生聚变的距离之内，进行轻氢核聚变而释放出巨大的能量。这样，就成功地解决了在较低温度下使氢聚变为氦来满足太阳的能量需求。由于这种反应是在数千万摄氏度下进行的，因此他们把这种反应称为“热核反应”。

天文观测表明，太阳核心的物质处于等离子态，与热核反应的物理条件完全相符。那么，太阳和恒星内部的氢又是如何聚变为氦的呢？1938 年，美国核物理学家汉斯·贝特（Hans Bethe）和查尔斯·克里奇菲尔德（Charles Critchfield）发现了氢直接变为氦的反应机制，称为“质子－质子

1　势垒：物理学术语，也称位垒，指在 PN 结由于电子、空穴的扩散所形成的阻挡层，两侧的势能差。——编译者注

循环”。在这一反应中，每克氢会释放出6700亿焦耳的核能，这些核能又迅速转化为热能，并通过对流和辐射向太阳的外层空间输送出去。之后，汉斯·贝特及德国的弗里德里希·冯·魏茨泽克（Friedrich Von Weizsacker）又各自独立地找到了由氢转变为氦的“碳循环”机制。现代天文观测表明，“质子－质子循环”为太阳提供了98%的能量，其余2%则来源于碳循环。汉斯·贝特因为创立“质子－质子循环”理论获得了1967年度诺贝尔物理学奖。

太阳的演化

现代观测表明，太阳的历史已有50亿年。它是一颗具有代表性的中等质量恒星，正稳定地燃烧着自身的核储备，并把氢转变为氦。人们对恒星演化的知识已经在逐渐完善，并勾勒出太阳的生命历程。

幼年时期，原始星云受自身引力持续收缩，密度不停增大，温度也随之升高，历时数千万年形成原始太阳。

青年时期，太阳位于非常稳定的主星序（具体内容参见本书第六章“恒星”，第205页），按照得到的氢和氦的丰度来计算，太阳还可以生存50亿年之久。今天的太阳正处在它生命最旺盛的时期。

中年时期，约持续10亿年时间。当热核反应的燃烧圈接近太阳半径的1/2时，太阳自身的巨大引力会令其难以支撑，中心将出现坍缩，坍缩过程中释放的巨大能量使太阳的外部大幅膨胀。这个时候的太阳体积很大，密度却很小，表面亮度很高，会演化为一颗红巨星，直径将扩大到现在的250倍，地球将被其吞没。

老年时期，太阳转变为一颗脉动变星，内部核能终于耗尽，整体坍缩，内部被压缩成一个密度很高的核心，冷却后形成一颗白矮星，并长久地留在宇宙中。

地球

地球是行星之一，尽管它没有太多独特的地方，但因为是我们居住的家园，所以很有必要讨论一下它在天体中的位置。

尽管与宇宙间太阳系这样的大天体，甚至太阳系中的大行星相比，地球都是微不足道的一员，但在它所属的系统中，地球仍是不可否认的最大的一个天体。

让我们用一个广泛的定义来描述地球：它是一个物质球体，直径大约是 1 万多千米，各部分的引力作用将其连接为一体。我们知道，地球并不是一个严格意义上的圆球，地球赤道部分稍稍鼓起来一些，再加之地球表面并非平整，所以要确定它的大小和形状并不容易。人造卫星技术的发展，让这一难题得以解决。

我们可以用两组数据来表示地球的形状及其大小：极直径 12713.6 千米，赤道直径 12756.3 千米。由此可以看出，地球极直径要比地球赤道直径小 42.7 千米。

地球的内部

我们的直接观察所得仅限于地球表面，人类在地球表面挖掘的最深处与地球大小相比，犹如苹果皮之于整个苹果。

首先，我想请读者们对地球的质量、压力、重力等概念有一个认知。我们试着对一块1立方米的泥土进行研究，假设它是地球表面的组成部分。这块泥土底部需要承受的质量大约是2.5吨，下面1立方米泥土的质量与它相同，所以下面这块泥土底部承受的质量加起来是两个2.5吨。随着不断地深入，压力会一直增加。对地球内部而言，每平方米都要承受从表面到底部的1平方米柱形的全部压力。在地球表面下几厘米的地方，这种压力就要以吨计，那么1千米深处的压力大约是2500吨，100千米深处的压力大约是25万吨，直到地球中心。由于承受着不可思议的巨大压力，所以地球中部的物质处于高度压缩状态，也更沉重。地球的平均密度大约是水密度的5.52倍，而地球表面的密度仅仅是水密度的两三倍而已。

地球表面下的矿坑是地球可以确定的事实之一，随着矿坑深度的增加，温度也在不断升高。由于受到地域和纬度的限制，温度升高的比率也会有所不同，平均升高率是深度每增加约30米，温度就上升1℃。

根据这种情况，到了地球中心会是什么样呢？关于这个问题的答案，我们不能仅以表面情形进行推测。地球外部在很久以前就已经冷却了，所以在地表以下温度不会上升太多。地球存在以来的所有热量都被保持着这一事实证明，地球中心的温度一定是最高的，而近表面的温度升高比率也一定会保持到几千米的深处，甚至直到地球的内部。

根据升高率推测，地球20多千米深的地方是炙热物质，而200多千米或更深的地方，其热度一定足以熔化组成地壳的物质。早期地质学家依据这个事实推测，地球是一个熔化了的巨大物质，就像熔化之后的铁块一样，最外面是一层若干千米的冷壳层，我们就生活在这个厚厚的壳上。火山的存在和地震的爆发都证明了上述推测的可靠性。

不过，19 世纪 20 年代，天文学家和物理学家收集到的证据显示，地球从内到外都是由固体物质构成的，甚至比同体积的钢铁还硬。开尔文爵士[1]首先提出了这个学说。他认为，如果地球是被一层壳包裹着的液体，那么月球的作用就不是引发海洋潮汐，而是将地球拉向月球的方向，但外壳和内部液体的相对位置不会发生变化。

地球表面的纬度变迁也是一种可以佐证的奇特现象，我们将在下文中详细介绍。无论是内部柔软的球体，还是硬度比钢铁小的球体，都无法像地球一样旋转。

这样一来，我们该如何解释固体物质和难以想象的高温呢？或许我们可以这样理解，因为受到巨大的压力，地球内部的物质保持了其固体的形态。实验表明：强大的压力能够提高物质熔点，压力越大熔点越高。当一块岩石达到熔点，如果对它施以重压，它便会还原为固体形态。因此，只要温度和压力同时增加，地球中心的物质就可能是固体。

当然，我们还可以用一些实际办法获取证据，在地球表面放置一个人工震源（如炸药），通过接收地下的回波来确定地球内部的组成。

1　威廉·汤姆森（William Thomson），第一代开尔文男爵（1st Baron Kelvin），英国数学物理学家、工程师。也是热力学温标（绝对温标）的发明人，被称为热力学之父。——编译者注根据地震技术获得的资料可知，地球内核和地壳是固体物质，而中间外核和地幔层是液体物质。地核的主要组成成分是铁，剩余的是一些比较轻的物质。地核中心的温度大约是7200℃，这比太阳表面的温度还要高；地幔层的上部由硅、镁、氧、铁、钙、铝等物质构成；地幔层的下部由橄榄石、辉石、钙、铝等物质构成；地壳主要由石英、类长石的硅酸盐构成。

地球的重力和密度

地球的密度同样是一个有趣的问题，我们也可以把它称为比重[1]。我们知道，同体积的铅比铁重，而同体积的铁比木头重。那么，我们是否能够确定地球内部1立方米的重量呢？如果这个问题可以得到解决，我们就能算出地球的全部质量。这个问题的解决方法与物质的引力有关。

当小孩会走路时，万有引力的效应就在发挥作用了，但即使是最聪明的哲学家也无法弄清楚万有引力是如何来的。根据牛顿的万有引力学说，并不是地球中心将表面的物体吸引向自己，而是构成地球的所有物质共同努力的结果。牛顿将万有引力学说进一步引申，认为宇宙间的所有物质都会吸引其他物质，而引力大小则根据两者之间距离

1 比重也称相对密度，固体或液体的比重是指该物质（完全密实状态）的密度与在标准大气压下的比值，气体的比重是指该气体的密度与标准大气压下空气密度的比值。液体或固体的比重说明了它们在另一种流体中是下沉还是漂浮。——编译者注

的增加，按照平方规律依次减小。这意味着，如果距离加倍，引力就要被4除；距离是3倍，引力就要被9除；距离是4倍，引力就要被16除，以此类推。

对上述问题有了了解，我们就知道周围的物体都有自己的引力。但是，又出现了新问题，我们能否通过实验测量引力的大小呢？数学理论表明，相同重量的球体吸引表面小物体的力量会随着直径的增大而增加。如果一个直径60厘米的球体，它的密度与地球密度相同，那么这个球体的引力是地球重力的两千万分之一。

利用这个结论，英国物理学家亨利·卡文迪许（Henry Cavendish）通过一个巧妙的方法测量出了万有引力的大小。他在一根轻质金属杆的两端装上等重的铅球，悬挂在一根很细的石英丝上，接着把第三颗铅球放在其中一颗铅球的旁边，借助石英丝的扭曲程度测量出两颗铅球之间的引力。这项测量工作的精细程度和难度前所未有，虽然使用的设备的原理非常简单，但达到的精度却是之前难以想象的。为了说明这项测量的困难程度，我们必须想到这个引力可能还不如这两颗铅球的千万分之一大。想要寻找出重量不超过这个引力大小的东西是件相当困难的事，不必说一只蚊子的重量，就算是蚊子的一条腿可能都超过要测量的这个力了。把蚊子放到显微镜下，专业人员从蚊子的触须上切下一小片，这一小片的重量大约与两颗铅球间产生的引力相等。

在美国度量衡标准局中由赫尔（Heyl）测量出的万有引力常数是最精确的测量数值，这个测量结果让我们知道，地球的平均密度比水的密度大5.5倍左右，虽然比铁的密度稍小，但比任何普通的石头都大得多。由于地壳的平均密度只是地球平均密度的一半，所以可以推断，地心的密度被压缩到远大于铁的密度，而且极有可能超过了铅的密度。

目前主流理论认为，构成地核的致密物质可能是大量致密的铁，我们可以认为地球中心是一块巨大的铁。

纬度的变迁

我们都知道，地球绕着地轴自转，这根自转轴通过地球中心与地球表面在南北两极相交。发挥一下我们的想象力，想象自己站在地球两极中间，然后将一根木棍固定在地上，我们会在地球自转的作用下每 24 小时绕着木棍旋转一周。我们之所以能够感知到这种运动，是因为周日运动带动太阳星辰反方向水平运动。现在我们有了一个重大发现：纬度处于变迁之中。地球的自转轴与地球表面的交点并不固定，而是沿着一个直径将近 18 米的圆圈进行不规则的曲线运动。换言之，如果我们能够确定北极的极点，那么将会发现极点每天或多或少地在移动，10 厘米、20 厘米或者 30 厘米，经过一段时间后，围绕着某个圆心走出一条曲线，在这一过程中，极点有时距离圆心近一些，有时又距离圆心远一些，这个不规则的路线运动周期是 14 个月。

我们也许会感到诧异，相比地球这样的巨大物体，这个小小的变动是怎么被发现的呢？其实不难回答，是通过天文观测，我们可以在任意一天的夜晚测量当地的垂直线和当日地球自转轴的精确角度。为了进行这项观测，国际大地测量协会（International Association of Geodesy，IAG）于 1900 年环绕地球建造了四个观测站，分别建造在马里兰州盖瑟斯堡附近、太平洋沿岸、日本以及意大利。在这些观测站建立之前，欧美的很多地方已经开始进行类似观测。

我们刚刚所讲的纬度变迁现象，最初由德国的库斯特奈尔发现，并于1888年提出，他通过大量的天文观测意外发现了这一现象。此后，旨在测定精确曲线轨迹的科学研究一直在继续。截至目前的观测显示，纬度的这种变迁在某些年份会大一些，某些年份又会少一些，七年中的一年，北极点会走过一个比较大的圈子，而三四年之后又有好几个月几乎不离开圆心。

在天文观测资料中，我们一样能够发现地球自转时快时慢的不规则变化，这种变化快到大约只有1毫秒。另外，地球自转的不规则变化还包括周期接近十年甚至几十年的“十年尺度”变化，以及周期为两年到七年不等的“年际变化”，十年尺度变化的幅度大约是3毫秒，导致这种变化的原因现在还不清楚，可能是地壳和地幔之间的相互作用造成的。年际变化的幅度是0.2到0.3毫秒，大约是十年尺度变化的1/10。全球性大气环流可能是年际变化的主要原因，类似于在厄尔尼诺期间赤道东太平洋海水温度的变化情况。但这种一致性由何种原因导致，我们现在并不清楚。

大气

无论是从天文学的角度看，还是从物理学的意义上讲，大气都是地球上非常重要的要素之一。尽管它是我们生存的必需品，但也是天文学家观测研究中必须要逾越的最大屏障，因为它给精密观测带来了很多困扰。大气会对穿越其间的所有光线或多或少地进行吸收，导致天体的真实颜色发生改变，即使是在最晴朗的天空，观测到的景象也会因此暗淡。大气还会对经过的光产生折射，使光线的轨迹发生弯曲（对于地球来说，这条轨迹是凹的），而不是直接射进天文学家的眼睛，这样就会使星辰看起来离地平线比实际位置高一些。从天顶直接照射下来的星光不会发生折射，距离天顶越远的星星，折光越严重。与天顶成 45 度角时，折光大约是 1 弧分，虽然这种曲折程度对于肉眼没有区别，但对天文学家的观测研究会产生非常大的误差。天体与地平线的距离越近，折光率就越大，天体与地平线的折光率是 28 度角，是地平线上 45 度角折光率的两倍左右。折光导致的天体误差已经大于半度了，肉眼看见的太阳直径都会比它小。这种情况导致的结果是，当日出日落时，我们见到的太阳实际上在地平线之下，而不是在地平线之上。我们能够看见太阳，完全是太阳光发生折光的结果。地平线附近折光率更大的另一个有趣现象是，在地平线附近的太阳看起来更加扁平，太阳的垂直直径似乎比水平直径更短，这是由于太阳下半部的折光率更大。如果是在海上观看日出或日落，这种现象会更加明显。

当太阳在热带地区慢慢地落进大海中时，会出现一种在温带地区很难见到的景象。由于各色光线在大气中的折射率不同，大气如同一块三棱镜，能够折射各个角度的光线，红色光线的折射角度最小，其他依次是橙、黄、绿、蓝、靛、紫，折射率逐渐增大，等到太阳在海平面上消失时，最后一束光线按照同样的顺序相继消失。在太阳即将隐没前的几秒钟，残留的边缘会变换颜色，并迅速变得暗淡。太阳的浅色余晖变成绿色，最后看见的则是一道转瞬即逝的蓝色或紫色的闪光。这是由于蓝光和紫光的波长短、折射率大，所以我们的眼睛还来不及捕捉，它们就已经被大气散射、吸收掉了。

月球

经过各种方法测量出的结果表明，月球和地球之间的平均距离大约是 38.6 万千米。这个数字是通过直接测量视差（后面会对这一点进行详细讲述）得出的，也可以通过计算月球围绕地球的运动轨迹求出。月球的轨道是椭圆形的，因此实际距离常常发生变化，有时大于平均距离，有时又比平均距离小一些。

月球的直径比地球直径的 1/4 稍大一些，大约是 3467 千米。各种测量仪器都证明了月球是一个球体，包括最精密的测量也是如此，只是月球表面凹凸不平，非常不规则。

月球的公转和月相

月球不仅绕着地球运动，还伴随地球一同绕着太阳运动。也许你们会认为，这两种运动结合在一起会很复杂，但事实上并非如此。简单举例，想象一下在飞驰的列车车厢中有一把椅子，一个人以 1 米为半径绕着椅子行走。他可以一直这样一圈又一圈地绕着椅子走，这并不会改变他与椅子之间的距离，火车的行驶也不会对他造成任何不良影响。同样的道理，地球沿着自己的轨道绕着太阳运行，而月球绕着地球转动，月球和地球之间的相对距离并没有出现大的变化。

月球绕着地球旋转一周所需的实际时间，大约是 27 日又 8 小时，但从一次新月（朔）到另一次新月之间的时间间隔大约是 29 日又 13 小时，这种差异是由地球的绕日运动引起的；或者说是太阳沿着黄道的视运动造成的，两者实际上是一回事。

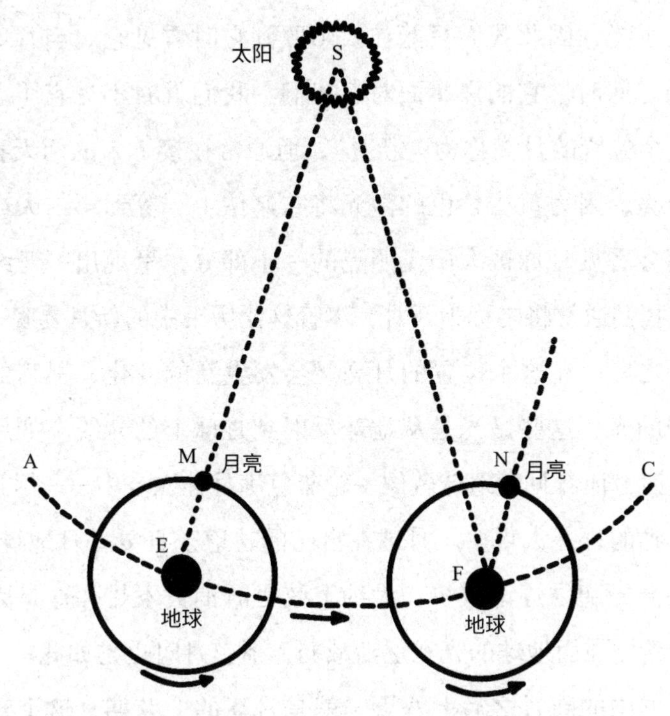

图 3-2　太阳、地球和月球的相对位置

图 3–2 能够说明这一点，图中 AC 两点连成的弧线是地球绕日公转轨道上的一段，假设某个时刻地球位于 E 点，月球正好位于在太阳和地球之间的 M 点，经过 27 日又 8 小时，地球从 E 点运动到 F 点，当地球绕着太阳运行时，月球也如箭头所示的方向绕着地球运动到达 N 点。此时，直线 EM 平行于直线 FN，月球已经绕着地球转了一周，看起来又回到了之前在星辰中的位置，但此时的太阳在 FS 这条直线上，所以月球还需要继续运行，才能回到地球和太阳的连线上，月球走完这段路程需要的时间是两天多一点，所以两次新月之间的时间间隔就变成了 29 日又 13 小时。

月球相对太阳的位置决定了月相的不同。由于月球是不透明球体，无法自己发光，因此我们只能在太阳照到它时看见它。当月球位于地球和太阳之间时，它的黑暗面对着我们，我们就看不见它了。历书中将位于这个位置的月亮称为“新月”，但通常在接下来的两天我们还是看不见月亮，因为黄昏暮色的微光将它遮住了。等到第二天或第三天时，我们会看见月球被太阳光照亮的一小部分，呈现出一弯纤细的蛾眉形状，我们通常将之称为新月，尽管这比历书中的新月要晚一些。

几天之后，在这个位置的月亮又会发生新的变化，黑暗的部分闪烁着微弱的光，这些微光是从地球反射到月球上的光线。如果有人在月球上生活，他看见的地球就像一轮蓝色满月挂在空中——尽管实际上比我们看到的月亮大得多。月球在自己的轨道上日复一日地继续前进，这部分的微光随之逐渐减少，大约上弦月时消失不见，这是因为月球的光在不断增强而地球的光在逐渐减弱，下弦月时也是如此。

在历书中的新月之后七八天，就是月亮的上弦期，这个时候我们看到了半个被照亮的月面。接下来的一周中，月相被称为凸月；新月后的第二周结束（望），月亮恰好对着太阳，我们看到了月球的整个半球，像一个圆盘，这就是满月。这之后，月球的月相会以相反的顺序出现，这是大家都知道的事情了。

可能我们会认为这些反复出现的事情太平常，已众所周知，不值得讲述。然而，《古舟子咏》[1]中曾描述过，在蛾眉月的两个尖端之间出现一颗星星，好像那里没有黑暗的天体阻挡我们的视线而根本看不到星星一样。也许不止一位诗人曾这样描写过东方天空的新月，又或者傍晚西方天空的满月——虽然满怀诗意，但这种景象显然无法出现在现实中。

月球的表面

仔细观察，我们用肉眼就可以看到月球表面明亮和黑暗两个区域。月球的黑暗区域常常被我们想象为一个略模糊的人脸，眼睛和鼻子尤为明显，也就是著名的“月中人”。就算是用普通的望远镜也能看出月球表面凹凸不平的地形，倍数越高的望远镜看到的细节越多。首先是月球表面隆起的高地，或者称之为山，这些地形的最佳观测期是在上弦月或下弦月时，那时日出或日落照射出来的长影，可以让我们更清楚地看到隆起的高地。满月时就不容易看清了，因为太阳光几乎直射在月球表面，将所有东西都照亮了。虽然我们将隆起的高地称为“山”，但它们多数的形状都与地球上的山完全不同，更类似于地球上

---

1 《古舟子咏》（*The Rime of the Ancient Mariner*）是英国诗人塞缪尔·泰勒·柯勒律治（Samuel Taylor Coleridge）创作的叙事长诗。——编译者注

大火山的火山口。圆形堡垒是月球上这些山最常见的形状，直径常常达好几千米，周围的壁高约 1 千米，中间非常平坦，所以这些山又叫作环形山。在许多月球环形山的中央，有一个或多个拔地而起的山峰。在上弦月时，我们能够看到这些山壁和山峰的影子投射到堡垒平坦的中央。

早期通过望远镜对月球进行观察的观察者认为，那些黑暗部分是海洋，明亮部分则是陆地，之所以会产生这种想法，应该是基于黑暗部分看起来比其他区域光滑。于是，他们为这些假想的海洋命名，如雨海（Mare Imbrium）、澄海（Mare Serenitatis）等，尽管这些名字都是幻想出来的，但一直保留到现在，用来表示月球中的黑暗部分。望远镜技术的不断进步让人们看到的细节越来越多，并逐渐发现“黑暗部分是海洋”的说法是错误的，形状的不同是由于月球表面的物体影子的明暗程度不同，而“海”只是月球上地势比较低洼的平原。探月卫星和人类登月计划的实施，让我们可以亲眼看到月球表面的大小石块和各种大环形山，我们也已经知道，月球表面的“海”的地形大约占 16%，它们是由火山迸发出来的炙热岩浆形成的，而月球表面的其他部分覆盖着灰土尘埃和流星撞击形成的石头碎片。

月球上最显著的景物之一，是某些地方放射出来一些明亮的长长的光线，普通望远镜就能观察到这个现象；我们所看到的这一半月球的南部附近有一座环形山叫作第谷环形山（Tycho），这座环形山旁边就有许多向外发射光线的点，看起来就好像月亮上有了空隙，而融化的白色物质像从空气中喷出来一样。于是有人推测，月球上曾经发生过大规模的火山喷发，只是后来都渐渐消失了。不过，至今还不清楚这些线状辐射纹是如何形成的，有人猜测可能是陨石撞击月球表面留下的。

月球上是否存在空气和水是有关月球的最重要的问题之一，当人类还没有实现登月时，科学给予的答案是否定的。倘若月球有大气层，那么它的密度即使只有地球大气密度的1%，当星星掠过月球时，星光也会折射出大气的存在。不过，我们从来没有观测到这种折射现象。如果月球上有水的话，也一定隐藏在看不见的凹处，或流淌在月球内部；假如赤道上有水存在，那么肯定会反射太阳光，我们很容易就能观察到。月球探测器和登月宇航员都证明了月球上并没有空气和水，说明科学家给出的答案是正确的。

上述内容好像又解决了另一个问题，即月球是否适合生存。因为地球上的所有生物都依靠空气和水维持生命。

由于月球上没有空气和水，所以形成了一种与地球上截然不同的环境。目前最细致的勘察表明，月球表面除了遭受太空陨石的撞击之外，从未发生过任何变化。地球表面的石头一直受到气候的摧残，经年累月地风吹雨蚀，慢慢变成了沙子和土壤，这就是大家熟悉的风化。但月球表面并没有这样的气候变化，这里的一块石头可以在千万年中保持原样。当太阳照射着月球时，月球表面的温度非常高，等到日落之后月球表面的温度会迅速降低，变得非常冷——因为没有大气层保持温度，所以在太阳落下之后，温度的下降在短时间内就完成了。在月球表面除了温度变化和流星撞击之外，绝对会非常平静，这里没有风，没有雨，没有气候，没有阴晴变化，没有朝阳晚霞，没有四季变化，除了偶尔降落的流星之外，再也没有任何东西，这就是死气沉沉的月球。

月球的自转

月球是否绕着轴自转这个问题在古时曾引起许多争议，所以我们需要解释一下。仔细观测过月球的人都会发现，月球对着我们的永远是同一面，这表明月球的自转周期等于它绕着地球的公转周期。正是因为这样，所以有些人认为月球不会自转，这种错误的想法源于运动概念的不同。在物理学中，我们判断一个物体是否旋转的方法是将一根直线穿过转轴外的任意一个地方，假如这根线的方向不会发生变化，我们就认为这个物体没有旋转。同样的道理，我们假设有这样一根线穿过月球，如果月球没有自转，那么这根线的方向永远不会改变，无论月球位于围绕地球公转轨道的哪个位置都是如此。我们认真观察一下图 3–3 中的变化，就会发现如果月球不自转的话，我们将会看到月球表面的各部分，而不是一半。

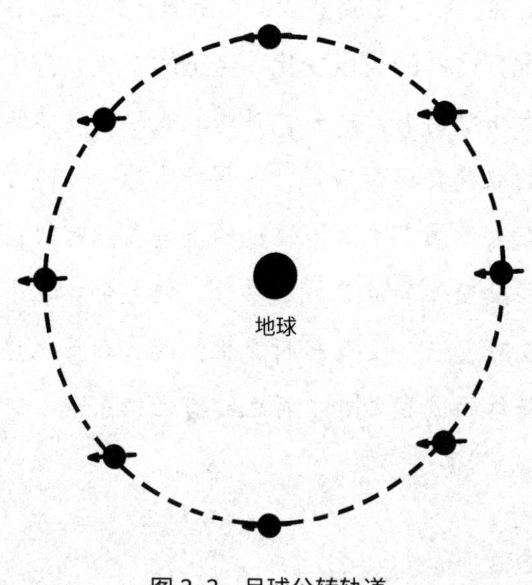

图 3–3　月球公转轨道

月球如何引发潮汐

生活在海边的人都对大海的潮涨潮落非常熟悉。一般来说，海潮的涨落规律恰好与月球的周日视运动相符，高潮时期就是月球经过当地子午圈之后的 45 分钟；换句话说，如果月亮在某个地方的上空时正好是涨潮时期，那么月亮再次到达那里时还是涨潮时期，月复一月，年复一年，都是如此。我们知道这种潮汐是由月球对海水的引力造成的，月亮在海洋上空时便会吸引当地的海水，难以解释的是为什么一天会出现两次潮。不仅面对月亮的地方有，背对月亮的地方也有。回答这个问题之前，我们先来回顾一下上文中说过的关于引力的内容，引力大小和距离的平方成反比，也就是说，距离月球越近，受到的引力越大，反之亦然。因此，地球面对月球的一面受到的压力更大，而地球背对月球的一面受到的引力较小。这种差异使得地球的受力不均，好像有一股力量将地球拉扁了，而扁的方向正是正对和背对着月球的方向，也就是潮汐了。

如果想对这种情况进行详细解释，就会涉及一些运动定律，这不是我们这本书要讲的内容，所以就不深入讨论了。不过，需要补充的一点是，如果月球只对地球的一个方向产生引力，那么不久之后它们就会撞在一起。由于月亮围绕地球转动，引力的方向一直在变化，因此一个月的时间仅仅能让地球远离平均位置 5000 千米左右。

可能有些人会猜测，既然潮汐是这样产生的，那么应该月球经过子午圈之后出现高潮，而月球在地平线上则形成低潮。但事实并不是这样，因为首先，地球上的巨大水体造成的强大惯性，使潮汐现象的出现比月亮位置的相对变化晚一些，等到月亮离开子午圈之后，潮汐现象还会持续下去，这类似于一块石头被扔出去后会继续向上运动，或水的动力会推动波浪高于海岸。其次，是大陆对海潮的影响，海潮遇到大陆之后，方向会发生变化，而方向的转变需要时间。因此我们对比各地潮汐就会发现它们并不规则，但延迟时间大约是我们在前文中提过的 45 分钟。

与月球相同，太阳也会引起潮汐，但效果并没有这么明显，如果你感兴趣可以参考我们曾经说过的数据和方法，根据引力的平方规律算出引发潮水的能量，还能比较太阳和月球引起潮水能力的区别。需要注意的是，在新月和满月的时候，月球和太阳的引力会在同一条直线上形成合力，所以会出现最高潮和最低潮。只要是住在海边的人们都非常熟悉这种情况，他们将之称为大潮（spring tide）。在上弦月和下弦月的时候，太阳的引力抵消了月球的部分引力，所以海潮不会涨得很高，也不会落得很低，这被称为小潮（neap tide）。

月食

月食的成因是地球的阴影遮住了月球的光芒，而日食的成因则是月球位于太阳和地球之间，明白了这一点，接下来我们就讨论一下月食和日食的出现规律，以及这两种现象中几个有趣的方面。

既然地球的阴影永远位于背对太阳的那一面，那为什么不是每次满月时都会有月食出现呢？答案很简单，月球通常在地球阴影之上或之下经过，所以不会被阴影挡住，也就不会形成月食。因为月球轨道并不与黄道平面平行，大约有 5° 的夹角，但地球在黄道平面上运行，地球的阴影中心就在黄道平面上。如同我们以前所设想的那样，将天球上的黄道画出来，进一步假定，将月球在天球上的视运动轨迹（白道）也画出来，这时，我们就会发现月球轨道和太阳轨道相交于相对的两点，交角的度数大约是 5°，相交的两点被称为交点（node）。在其中的一个交点上，月球从下面移动到了上面，或者说从黄道南端逐渐移动到黄道北端，这个交点就被称为升交点（ascending node）。在另一个交点上，月亮的移动刚好反过来，这个交点被称为降交点

（descending node）。

由于太阳要远远大于地球，所以地球的阴影（也就是本影）呈圆锥体，锥顶一直延伸到很远的地方。在地球身后地月距离处，锥体阴影的截面直径大约是地球直径的 3/4，约为 9600 千米。由于阴影中心位于黄道平面上，在地球正后面的月球轨道上，所以阴影只能遮挡黄道平面上下各 4800 千米左右。在两个交点之间，月球轨道偏离黄道平面最远的两个点和黄道平面之间的距离约为地月距离的 1/12，约 32000 千米。因此，只有月球位于两个交点附近，而且恰好在地球后面时才能被地球的阴影区覆盖。

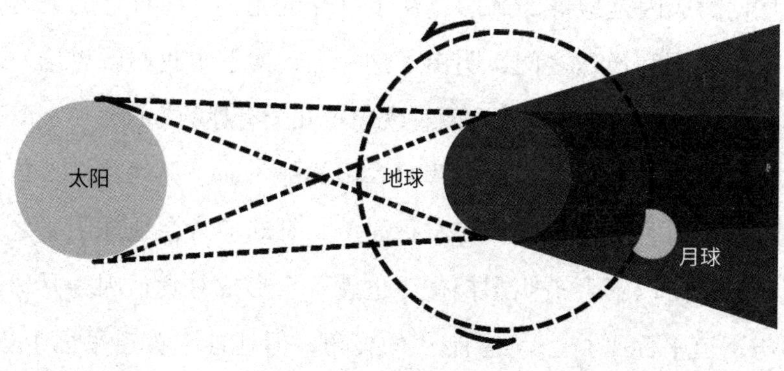

图 3–4　月球在地球暗影中

食季

连接太阳和地球的线会随着地球绕着太阳的转动而改变方向，因此，它在一年之中会两次经过黄道平面和白道平面的交点。也就是说，假设我们将两个交点画在天球上，升交点在一个地方，降交点在另一个地方，那么在一年之内，太阳沿着黄道平面向东的运动会经过这两个交点。当太阳经过其中一个交点时，地球的阴影会覆盖另一个交点，一年中日食或月食大约只会出现两次（每隔半年出现一次），这种食季（eclipse seasons）通常会持续一个月；也就是说，从太阳接近交点足以产生日食，到太阳远离交点而不能产生日食，大约是一个月的时间。

如果黄道平面和白道平面的交点在黄道上固定不变，月食只能出现在某两个月。不过，由于太阳对地球和月球的引力作用，随着地球和月球的转动，交点的位置会向相反的方向移动。经过 18 年又 7 个月的时间，两个交点都会绕着天球向西旋转一圈，而食季在相同的时间内会倒转一年，平均而言，每年比上一年要早 19 天。

月食现象

如果我们在月食开始时就对月亮进行观察，就会发现月亮东边的一部分逐渐变得暗淡，最终会消失不见。随着月亮在其轨道上前行，月亮表面慢慢被阴影遮挡住，黑暗部分会不断增大。不过，假如我们认真观察，就会发现遮盖在阴影之中的部分并没有彻底消失，只是散发出的光线非常微弱。如果阴影将月球全部遮盖住，就形成月全食；如果只是遮盖了一部分，则是月偏食。月全食时，照在月食上的光线清晰可见，因为此时它不会受到其他明亮部分的干扰。由于地球大气会产生折射（在前面的章节中已详细讲述过），所以形成了这种暗红色的光线，正因为这样，那些经过地球边缘，或经过地球表面附近的太阳光线，大部分受到折射作用进入阴影中，然后被投射到月球表面上。这种光线的红色与落日的红色的形成原因相同，大气层吸收了波长较短的绿色光线和蓝色光线，而波长较长的红色光线则穿过了大气。

每年都会出现两次或三次月食，其中至少有一次几乎是月全食。当然，地球上的人们并不是每次都能看见，而是当时位于月光下半球的人才能看见。

我们可以想象，如果发生月食时有人站在月球上看到地球造成的日食，那么我们描写的这些现象在他眼中会非常清晰。在月球上观察地球的目视大小绝对要大于我们看见的月亮，直径大约是我们看见的太阳直径的四到五倍。一开始，由于受到太阳光的影响，这么大的物体在接近太阳时是看不清楚的。观测者观察到的是看不见的球体挡住了一部分太阳光，等到太阳光被全部遮住时，观测者就能看见地球的轮廓。由于周围是地球大气层折射形成的红色光环，等到太阳光彻底消失之后，将剩下一个明亮的红色光环包围着的一个暗淡球状物，也就是地球。

月食现象和日食现象有着很大的区别，我们将在下一节中讲述日食。月食发生时，地球被月光照耀的整个半球都能够看到。如果在月亮升起时已经开始侵蚀月球，我们将会看到一种奇特现象：当同一时刻月亮出现在东地平线上时，夕阳会出现在西地平线上。这种奇特现象似乎与我们说过的太阳、地球和月球位于同一条直线上的情形相互矛盾，这种奇特现象是由于其中之一处于地平线之下，在地球大气层的折射作用下，我们可以同时看到太阳和月亮。

日食

如果月球刚好运行在黄道平面上，那么每次新月都会经过太阳面。但是，我们在前面已经讲过，由于它的轨道是倾斜的，所以只有太阳正靠近黄白交点之一时才会出现这种情况。假如此时我们恰好位于适当的位置，那么就可以观赏到日食，如图 3–5 所示。

假设月球经过太阳面，遇到的第一个问题就是，月球能否完全遮住太阳面。这不仅与两个天体的真实大小有关，更重要的是还与视觉大小有关。我们知道太阳的直径大约是月球直径的 400 倍，同时，太阳与地球的距离也是月球与地球距离的 400 倍。于是，出现了一个非常有趣的现象：在我们看来，这两个完全不同的天体却如双胞胎一般大小。月球公转轨道并不是规则的圆形，这导致月亮看起来时大时小。大的时候可以将太阳完全遮住，小的时候就无能为力了。

在任何看得见月亮的地方看到的月食情形是相同的，而日食却取决于观测位置，这也正是月食和日食的最大区别。最有趣的日食是月球中心恰好覆盖住太阳中心，被称为“中心食”（central eclipse）。想看到这种日食，观测者需要在连接日月中心的那根直线所在的位置上。假如此时月球的视界大于太阳，就会将太阳完全遮住，这就是日全食（如图 3–5）；假如此时太阳的视界大于月球，形成中心食时月球就会被一圈太阳光环绕，这就是日环食。

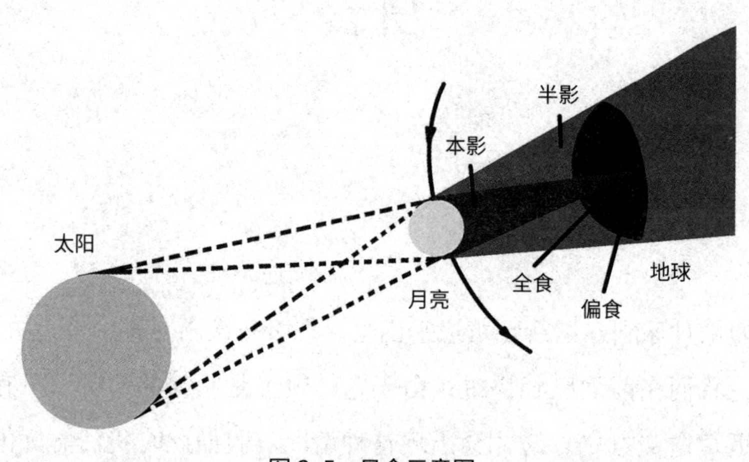

图 3–5　日食示意图

我们可以在地图上画一条线，用来表示连接太阳和月球中心的直线掠过地球表面时的路径。这种描绘日食区域和路线的地图出现在航海历书中。在中心线穿过的路径南北 160 千米以内的地区，也可以看到日全食或日环食。位于 160 千米以外的观测者就只能观赏月亮遮住部分太阳的日偏食，而在更远地方的观测者想看到日食就完全不可能了。

迷人的日全食

日全食是大自然馈赠给人类的动人美景。要想充分欣赏日全食的迷人之处，最好站在高地上，能看得很远且刚好朝着月亮出来的那边。第一个看到的不同寻常的迹象出现在太阳圆面上，而非地面或空气里。当历书中预测的某个时刻来临时，一个小小的缺口便会出现在太阳的西部边缘。缺口慢慢增大，似乎正在一点点地吞食太阳。难怪某些未经过文明开化的民族会将太阳这样逐渐消逝幻想为龙正在吞食太阳。

在接下来的一段时间，或许是一个小时，我们眼中的情景都只是月亮的黑影在不断地扩大，逐渐将太阳面上的地盘占为己有。此时，如果观测者站在大树旁，并且光线穿透树叶间的缝隙，就会看到投射到地面的影像里显出偏食的太阳，这真是有趣的现象。不一会儿，太阳就如同新月一般了，还是一轮逐渐缩小的新月。不过，眼睛在这个时候还是适应了逝去的光辉，因而在新月变得极为狭小之前，这暗影仍旧依稀可见。如果观测者的望远镜，带有专门用于观测太阳的滤光镜，那就可以借着仅存的太阳发出的与平常一样柔和且一致的光辉，从另一角度观测月亮上的山，这绝对是一个极好的机会。然而，月亮上山的轮廓在被月面蚀去的那一边却参差不齐。

当新月即将消失时，在一直向前推进的月亮上，陡峭的山峰也将到达太阳的边界，从月面的凹处透出仅存的一串碎片或光点。这时的太阳犹如一枚闪耀着光芒的钻戒，这便是仅存一两秒、随后就完全消失的迷人的“贝利珠”景象[1]。

由于日光消逝，原本的白昼竟宛如黎明前的黑夜，漫天的繁星竟

---

1 贝利珠（Baily's beads），由英国天文学家埃德蒙·哈雷于1715年第一次发现并报告，弗朗西斯·贝利于1836年对其正确解释，因此这一现象按照弗朗西斯·贝利的名字来命名。——编译者注

也可以在离太阳稍远的天空中见到，这无疑是一场奇观！极黑的月球高高挂在天上，取代了本应在中天的太阳。一圈灿烂的光辉——也就是我们之前提到过的日冕——环绕在月球四周。尽管这样的光辉以肉眼看来也极为明亮，但若使用低倍望远镜看到的效果会更好，哪怕只有一副看戏用的小望远镜也能将就。这景象最美的一部分在大望远镜中是无法呈现的，因为只能观测到日冕的一部分。所以，从这个角度讲，一副放大 10 倍或 12 倍的便宜的小望远镜反而更实用。它不但有利于我们观测日冕，还能使我们见到日珥——那犹如从黑暗的月亮上喷射出来的、形状各异的红云——四处盘旋起落。

古代的日食

需要注意的是，尽管古人对日食现象的认识很清楚，并知道其发生的原因，甚至能预测出日食发生的周期，但日食这种现象在古代历史学家的著述里却很难找到真实的记载。就算是在古代的中国编年史中，也只是对某时某地发生的日食现象常有记载，然而却未详述其特点。亚述学家（Assyriologist）不久前在古文件中考证出一段记载，是关于公元前 763 年 6 月 15 日发生于尼尼微（Nineveh）的日食。天文年表也证实，当时尼尼微以北约 160 千米处的确有日全食的阴影经过。

古代最为著名且争论最大的一次日食应该是泰利斯日食（eclipse of Thales），其主要历史依据源于古希腊史学家希罗多德（Herodotus）的记载。据说，在吕底亚人（Lydians）与米堤亚人（Medes）交战时，天色瞬间变暗，两军被迫停战却因此促成了和平；也有说古希腊哲学家泰勒斯（Thales）曾将白昼将变为黑夜的预言告诉过希腊人，还具体说明了是哪一年。天文年表证实，公元前 585 年的确发生过日全食，与提到的那次战争时间非常接近。但是，我们现在已经知道，这次日全食的阴影是在日落之后才到达那场战争的现场的。因此，对于其真相的疑问至今还存在。

食的预测

食的出现有一个奇怪的规律，这在古代就已经知道。日月都是历时约 6585 日又 8 小时或 18 年又 11 日的周期之后，再回到交点及近地点的相对位置上，这个时间段被称为沙罗周期（saros cycle）。一个沙罗周期之后各种食都开始重现。例如，1900 年 5 月出现的日食被认为是发生在 1846 年、1864 年及 1882 年的日食的再现。但是，当一次食再次出现时，在地球上的同一地点却看不到了，这是因为周期中多出了 8 小时。在这 8 小时中，地球绕轴自转了 1/3 圈，能看到食的区域因此发生了变化。每一次食发生时，能看到的区域都在前一次看到的区域的西面，相距 1/3 球面的距离，或经度相差 120°。只有在经过三次重现之后才会回到差不多相同的位置。与此同时，月亮的运行路线也发生了变动，因此阴影覆盖的区域会较以前出现南移或北移。

全世界大约每三年会有两次日全食的可见时间，但一些特定的地区平均 300 年才可以见到一次日全食。在 20 世纪百年内的无数次重现中，日全食的时长一直在增加，1937 年、1955 年和 1973 年全食出现的时间都超过了 7 分钟，日全食时间最长限度达到了 7 分半钟。

日冕

日冕只有在日全食时才能见到，也是日全食最美丽的部分。日冕由极端稀薄的气体构成，当真正的全食出现时，太阳周围的这种珠光随之产生，之后又与全食一同消逝。从天文仪器拍摄的日冕照片上可以看到其错综复杂的结构，形状上却会明显跟随太阳黑子数目的增减而变化。

在太阳黑子高峰期时，日冕在太阳各方向上的范围基本一致，这时的日冕犹如一朵向盆外各方向展开花瓣的天竺牡丹，其他时候则如同暗弱的流光以及红色日珥上的精致拱门。

日冕在太阳黑子数量最少的时期，犹如从两极生出弯向赤道的短穗，很容易让我们想起放在磁石上的纸上散布的铁屑。日冕还有一种特别的形状：向赤道部分展开的长的流光，就好像鸟的双翼。

如果只是将日冕当成美景观看，它一定在天界优等奇观排行榜的前列，但论及对天文学的贡献，日冕到目前为止却非常让人失望。诚然，日冕在我们眼中是极其难得的，即使看到也会如昙花般转眼消失。人类在过去一百年中拍摄到的全食的精美照片已足够我们长期研究，这种研究的结果也只是回馈了我们日食观测团所花费的时间、精力和金钱。日冕能否带给我们超出前述研究的更重要的信息，尚未可知。

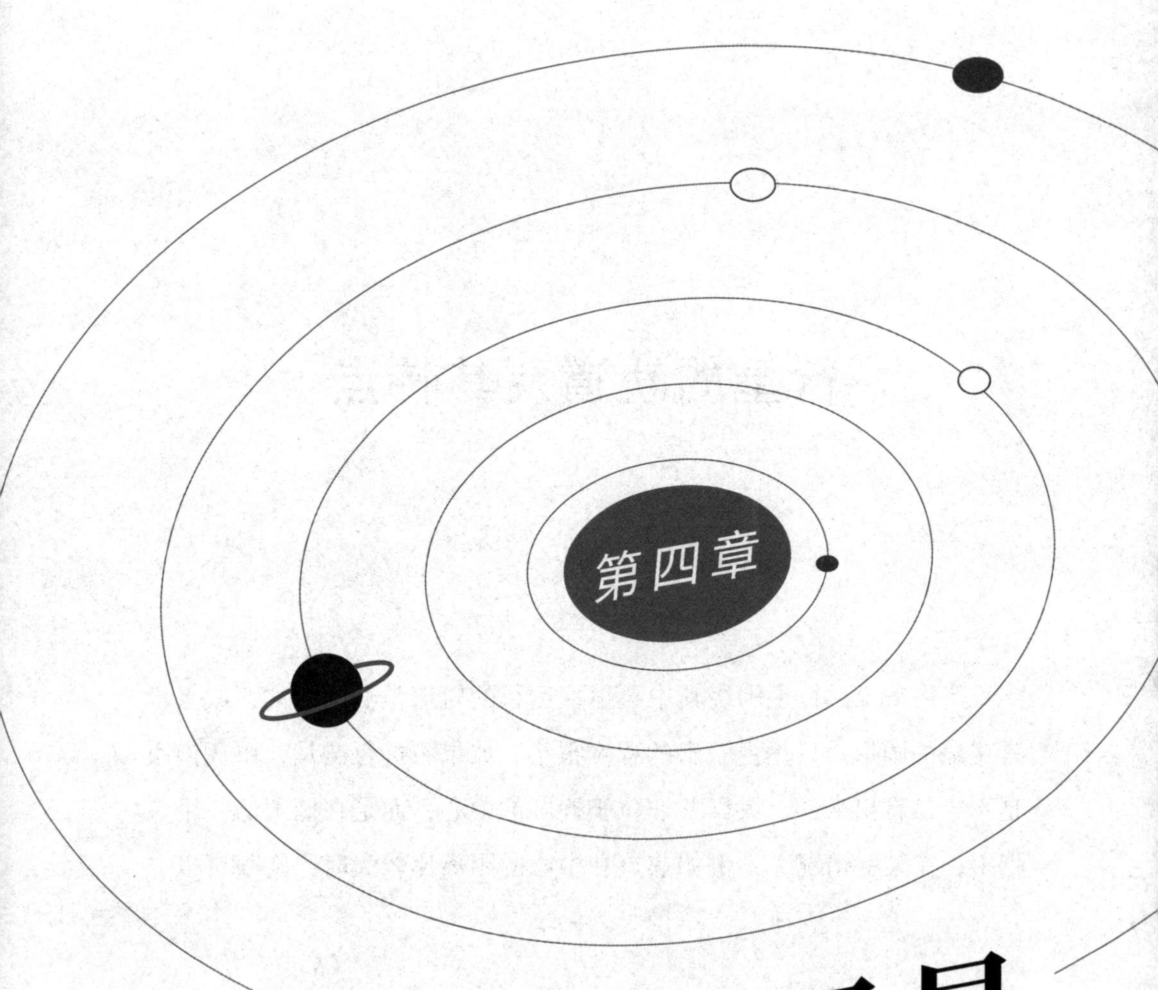

第四章

行星及其卫星

行星的轨道及其特点

严格来说，行星围绕其中央恒星运行的轨道是椭圆形的，或者说是略扁的圆形。只是由于扁的程度很小，如果不进行测量，单凭肉眼是不容易看出来的。太阳并非位于椭圆的中心，而是在椭圆的一个焦点上，在某些情况下，例如焦点和中心的距离比较大时，肉眼可以立

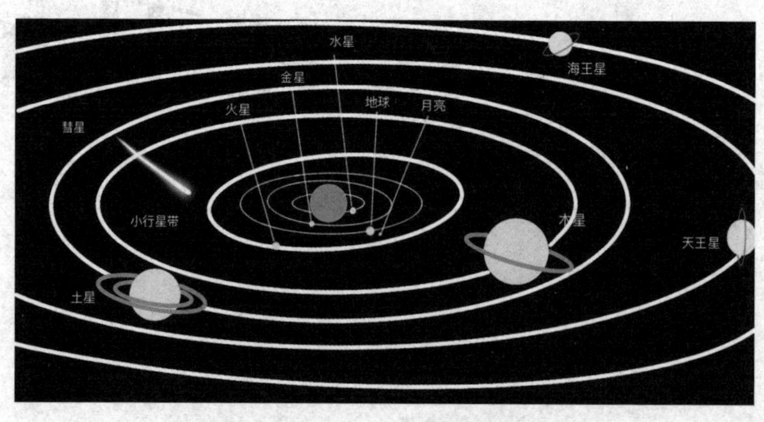

图 4–1　太阳系的天体

刻看出来。通过这个距离，我们就能够测量出椭圆的偏心率，但是这个偏心率却比扁的程度要大得多，如水星的轨道偏心率就很大，但其扁的程度却只有 0.02。假如我们设定轨道的长轴为 50，短轴为 49，按照这样的比例测算，太阳到轨道中心的距离是 10。

为了对上述问题进行说明，我们可以画一幅太阳系中的天体运行轨道图，并大致画出轨道的形状与相对的位置（图 4–1），这样就可以一眼看出，同一轨道在某些点上与太阳的距离更近一些。

为了更详细地解释行星的真实运动和视运动，尽管我并不想用一些很专业的术语来打扰读者们的阅读兴致，但仍然希望大家能够花点工夫来学习了解天文学中的一些概念：

内行星（inferior planet），指的是运行轨道在地球轨道里面的行星，这类行星目前只有水星和金星。

外行星（superior planet），指的是运行轨道在地球轨道外面的行星，这类行星包括火星、小行星以及外层的四大行星。

我们从地球上看，当一颗行星从太阳经过，好像与太阳行进在同一个方向时，我们就将之称为“合”日。

下合（inferior conjunction），指的是行星在太阳与地球之间。

上合（superior conjunction），是指太阳在行星与地球之间。

稍加思考就能明白，外行星是不会出现下合现象的，但内行星既会出现下合现象，也会出现上合现象。

一颗行星在太阳的反方向上时，或者说地球在行星与太阳之间时，称为“冲”（opposition）。冲发生时，行星在太阳落下时升起，在太阳升起时落下。当然，内行星是不会发生冲现象的。

轨道上离太阳最近的一点是近日点，而远日点就是离太阳最远的一点。

当内行星，也就是水星和金星绕着太阳旋转时，它们看起来好像是从太阳的这一边到了那一边。我们能看见的它们到太阳的距离就叫作“距角”(elongation)。

水星绕着太阳运行的轨道偏心率较大，最大距角平均是 25°，有时会多一点，有时又少一点。金星的最大距角大约是 45°。

这两颗行星中如果有一颗的距角位于太阳东面，那么我们在日落时会看见它在西天；而在太阳西边时，我们会在黎明时东边的天空中见到它。由于这两颗行星与太阳的距离从不会超过上面提到的界限，所以我们也永远无法在黄昏的东边或黎明的西天看到水星和金星。

没有两颗行星的轨道会恰好在同一个平面上，换言之，如果我们沿着一条轨道向水平方向看过去，所有轨道都会向一边或另一边倾斜。天文学家发现，以地球轨道平面，或者说是黄道平面作为水平标准，更便于研究。既然每颗行星的轨道都以太阳为中心，那么也都和地球轨道一样，在同一水平面上有两个相对的点，再准确一点说，这些点就是行星轨道与黄道平面相交的两点，这两点又被称为“交点”。

行星轨道与黄道平面形成的夹角被称为“轨道交角”(inclination of orbit)，水星的轨道交角最大，约为 7°；金星的轨道交角约 3°24′。外行星的轨道交角就更小一些了，从天王星的 46′ 到土星的 2°30′ 不等。

行星的距离

除海王星以外，其他行星之间的距离基本都与提丢斯 – 波得定律(Titius-Bode law) 相符，这个定律是以首先提出这一观点的天文学家的名字来命名的，定律的内容是选取 0、3、6、12、24 等类似数字，从第二个数字开始，后一个数字是前一个数字的两倍，然后再加 4，就得出了行星的大致距离，如下表所示：

行星名称	算法	实际距离
水星（Mercury）	0+4=4	4
金星（Venus）	3+4=7	7
地球（Earth）	6+4=10	10
火星（Mars）	12+4=16	15
小行星	24+4=28	20~40
木星（Jupiter）	48+4=52	52
土星（Saturn）	96+4=100	95
天王星（Uranus）	192+4=196	192
海王星（Neptune）	384+4=388	301

表 4-1　行星的距离及算法

关于表中的实际距离这一项，我们需要说明，天文学家在表示天体间的距离时，并没有用“千米”这种描述长度的单位，这基于两种原因：首先，千米这个我们常用的计量单位相对行星间的距离而言实在太短了，用它来表示天体间的距离就好像以厘米为单位丈量两座城市间的距离一样；其次，用我们平时使用的长度单位来表示天文学上的距离，会对其精确性产生影响。如果将太阳到地球的距离作为衡量标准，那么就可以很准确地确定行星间的距离。因此要得到天文学中的行星与太阳之间的距离，上述表格中实际距离的数值需要除以 10，或者将每一个数值的小数点提前一位。

在上面的表格中，为了不让读者产生困扰，我们没有用不必要的小数。实际上，水星的距离是 0.387，其他行星的距离我们就不一一列举了，只将水星的距离算作 0.4，再乘以 10，以便与提丢斯－波得定律相比较。

开普勒定律

除了距离，行星在轨道中的运动也是有一定规律的，这个规律是由开普勒发现的，因此也被称为“开普勒定律”（Kepler's law）。我们在前面提到过，行星轨道是椭圆形的，而太阳位于椭圆的一个焦点上就是开普勒定律的第一条。

开普勒定律的第二条：行星离太阳越近，其运行速度越快。以数学语言更准确地表述，应该是在相同的时间内，行星与太阳的连线所扫过的面积相等。这样，我们很容易就能弄清楚，当行星和太阳之间的距离较近时，为了能在相同的时间内让连线扫过的面积相同，行星就需要运行得更快。

开普勒定律的第三条：行星和太阳之间平均距离的立方与行星公转周期的平方成正比。这条定律需要简单解释一下，假设一颗行星到太阳的距离是另一颗行星的 4 倍，那么它绕太阳的运行周期将是另一颗行星运行周期的 8 倍。这个结果的算法是，先求出 4 的立方为 64，再求出 64 的平方根，就得到 8。

天文学家用地球和太阳之间的平均距离作为量度单位来表示太阳

系中的距离，因此得出内行星的平均距离是不到1的小数，跟我们前面讲述的一样，而外行星的距离在木星的5.2到海王星的30之间不等。如果我们先求出这些距离的立方数，再求出它们的平方根，就可得到以年为单位的行星的公转周期。借助上面给出的资料，有兴趣的读者可以很方便地算出每颗行星的公转周期。

我们还发现，越靠近外层的行星，它们绕轨道运行的周期就越长，不仅因为其路线更长，还因为本身速度就慢。如果按照我们前面设定的例子，外行星到太阳的距离是原来的4倍，那么它的运行速度将只有原来的一半，运行一圈需要的时间也就是另一颗行星的8倍。我们已知地球绕太阳的公转速度大约是每秒29.8千米，海王星的公转速度是每秒5.6千米，而它的运行轨道长度是地球的30倍。这也是海王星围绕太阳公转一周需要160多年的原因。

需要特别注意的是，开普勒是在第谷留下的资料的基础上，花费了无数精力，凭借观察和无限的想象力才得出了开普勒三定律，并将其发表于他在1619年出版的著作《宇宙和谐论》(*Harmonices Mundi*)中。一个世纪之后，牛顿从另外一条途径得出了这个结论，并借助引力定律的知识，纯粹从数学上得到这三条结论，不过这可能是任何一个高中生都可以做到的事。

水星

接下来，我们将按照行星和太阳之间的距离远近，依次叙述我们所知道的大行星的知识。第一颗就是水星，它不仅是离太阳最近的一颗行星，也是八大行星中最小的一颗；之所以能将它列入大行星的行列中，完全是由于它所处的位置。水星的直径只比月亮的直径大 50%，但因为体积与直径的立方成正比，所以水星的体积是月亮的体积的三倍多。

水星的轨道偏心率是大行星中最大的，但在我们后面会讲到的小行星中，有一些小行星在轨道偏心率方面要超过水星。因此它到太阳的距离远近也发生了很大的变化，它的近日点距太阳不到 4700 万千米，远日点距太阳则超过了 6900 万千米；它围绕太阳的公转周期不到 3 个月，准确地说是 88 天。因此，水星在一年之中会围绕太阳公转四圈有余。

在地球绕太阳一圈的时间中，水星已经围绕太阳公转了四圈多，很明显，水星合日一定会有规律地出现，尽管时间间隔不一定完全相等。为了说明水星视运动的规律，我们假设图 4–1 中的内圈代表水星轨道，外圈代表地球轨道。当地球在 E 点，而水星在 M 点时，水星与太阳下合。3 个月之后，水星再次回到 M 点，但不会出现合日，因为同样的时间中，地球也在其轨道上向前运行。当地球到达 F 点，而水星到了 N 点时，会再次与太阳下合。这种从一次下合到另一次下合的周期运动就叫作行星的“会合周”（synodic revolution）。水星的会合周比实际公转周期长约 1/3 不到，也就是说弧 MN 略小于圆周的 1/3。

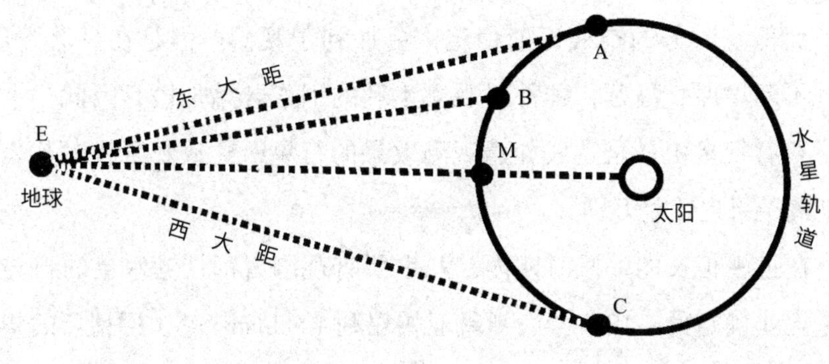

图 4–2　水星距角示意图

现在假设当地球在 E 点，水星不在 M 点而差不多到了最高处的 A 点上时，如图 4–2 所示。这时从地球的角度看上去，水星与太阳的视距离最大，如果用专业术语描述，即在“大距”（greatest elongation）上。如果水星在太阳的东边时，就会在太阳之后沉没。我们可以在日落后 30 分钟至 60 分钟内，在西边淡薄的云雾中看到水星明亮的身影。在相反方向的 C 点附近，水星就到了太阳的西面，此时它在日出前升起，闪耀在东边天空的晨曦中。所以，把水星当作黄昏的星辰来看时，东大距（春季）是最好的观测期；当作早晨的星辰来看时，则是西大距（秋季）更利于观测。

水星的外观

如果要观测水星的外观，春季暖和的傍晚或秋天清凉的黎明是最佳时刻。如果水星在太阳东边，通常在下午都可以随时用望远镜进行观测，但由于空气会受到太阳光的干扰，此时的观测效果很难令人满意；而傍晚时分的空气逐渐稳定，更加利于观测。但是在日落之后，大气不断增厚、蔓延，种种对观测不利的因素开始加剧，因此，水星成了所有行星中最难达成如意观测效果的行星，导致观测者对其表面的观测结果也千差万别。

在过去很长的一段时期内，几乎所有观测者都认为水星的自转周期是无法确定的。1889 年，斯基亚帕瑞利（Schiaparelli）用精巧的望远镜，在意大利北部美丽的天空中对水星进行了细致的观测，看到的是水星常年毫无变化，他因此得出结论，认为水星永远以同一面对着太阳，正如月亮之于地球一样。洛厄尔（Lowell）通过在亚利桑那州的弗拉格斯塔夫天文台（Flagstaff Observatory）上的观测，也得到了同样的结论。但到了 1965 年，当时最先进的多普勒雷达（Doppler Radar）表明，上述观点是错误的，现在我们认为水星在公转周期的同时自转三周。

水星对太阳的位置常有变换，就如同月亮一样，有圆缺的位相变化。我们能看到的是被太阳照耀的那半球，但看不到背向太阳的黑暗面。当水星上合时，也就是太阳在地球与水星之间，明亮的那半球会完全对着我们，水星的表面就好似满月般的圆盘。随着它移向下合，向着我们的暗半球部分会越来越多，明半球的部分则越来越少，但由于它和我们的距离在缩短，反而可以更好地观测。到了下合时，暗半球则完全对着我们，如同新月一样，在它应该出现的位置上，只留下了一个无法观测的黑暗阴影。在经过了黑暗的下合期之后，水星经由西大距返回上合的位置，重新成了一轮“满月”。

长期以来，水星上是否存在大气是一个存有争议的问题，多数人持否定意见，因为我们根本就观测不到水星对日光的折射效果。但现在有研究表明，水星拥有稀薄到几乎可以忽略不计的大气层，由太阳风带来的原子构成。水星上的温度被太阳烤得非常高，导致这些原子迅速地逃逸到太空中。就这样，与地球和金星稳定的大气相比，水星的大气会被频繁地补充和更换。

水星凌日

想象一下，如果内行星和地球在同一平面上围绕太阳公转，那么，每一次下合时，我们都会看到内行星从太阳表面经过。但事情并不像想象中那样简单，任何两颗行星的公转轨道都不在同一平面上。水星轨道是所有大行星中与地球轨道的偏斜度最大的，由此导致当水星下合时，我们常常看到它在南边或北边与太阳擦肩而过，如果这个时候它又正好接近了太阳与水星轨道中的一个交点，我们就可以看到水星如一粒黑点从太阳表面穿过。这种现象就叫作水星凌日（transit of Mercury）。水星凌日现象每 3 至 13 年出现一次，因为可以非常准确地测定行星进入和离开太阳圆盘的时间，并可以通过这个时间推导出行星的运动规律，所以这种现象引起了天文学家极大的兴趣。

1631 年 11 月 7 日，加桑迪（Gassendi）第一次观测到了水星凌日，但由于使用的观测仪器非常简陋，他的观测结果到现在已经不具备科学价值。1677 年，哈雷（Halley）在圣赫勒拿岛（St. Helena）上也观测到了水星凌日，这次观测虽然也不理想，但比之前的效果好了许多。此后，对水星凌日的观测就开始有规律地展开。以下是水星凌日的发生时间及在地球上的观测点：

1937 年 5 月 11 日，水星从太阳南部边缘擦过，可见于欧洲南部以及日出之前的美洲。

1940 年 11 月 10 日，可见于美国西部。

1953 年 11 月 11 日，可见于美国全境。

自 1677 年以来，水星凌日的观测成为最困扰天文学界的问题之一。人们发现了一个现在被称为水星轨道进动的有趣事实，它的轨道位置居然在缓慢地发生着改变。一度有观点认为，这是由于受到其他已知行星的影响，但经过精密的理论计算，这并不是主要原因。水星近日点每 100 年向前移动的距离，比其本应向前移动的距离远了 43 角秒之多。这一误差是勒维耶（Le Verrier）在 1845 年发现的，勒维耶因在海王星被发现之前准确计算出其位置而闻名，他认为在太阳与水星之间还存在一颗行星，他将其命名为火神星（Vulcan）。勒维耶通过计算得出，火神星会很罕见地越过太阳盘面，这时就有希望由它投在日面上的阴影来探测到它。然而，1877 年，也就是勒维耶预言的火神星越过日面的时间，他却遗憾辞世。从另一个角度看，这或许又是一种幸运，因为他不用面对自己的失败——那一天，所有的望远镜都对着太阳，但是火神星始终没有出现。1860 年，法国的乡间医生勒斯加波（Lescarbault）宣称，他用一架小望远镜观测到了期待中的那颗行星从太阳盘面上经过。而另一位更有经验的天文学家在同一天却只看到一颗平常的黑子，想必就是这颗黑子误导了那位法国的医生天文学家。这场风波之后的很长一段时间，有不少天文学家在好几个地点对太阳进行观测和拍照，却完全没有发现此类天体的存在。

尽管如此，我们还是认为，在上述区域中很可能存在着这类运行的小行星，但由于它们实在太小，所以经过太阳面时没有被捕捉到。如果事实真是这样，它们的光芒将被天光完全遮去，所以平常看不见。但机会还是有的，那就是在日全食期间，天上的光被完全遮蔽以后。于是，观测者常在日全食发生期间寻找它们，并且使用了效果很好的摄影仪。终于，在 1901 年的日全食时发现了类似的天体，在太阳附近拍摄到了约 50 颗星，但其中一些很昏暗，只相当于 8 等星，而且基本都是我们已知的。所以，我们几乎可以确定，在水星轨道圈内，肯定没有比 8 等星更明亮的星星了。而且，像这样的小行星，除非有几十万颗，否则是不能造成水星偏离轨道的，数量如此庞大的小行星也一定会照得那一片天空比我们见过的都明亮。这一结果可使我们得出结论，水星近日点的移动不可能由水星内的行星造成。要假定这颗内行星存在，除了上述困难外还有一点，如果存在这颗行星，那么它一定会使水星或者金星又或两者交点的位置都发生相似的变动。

各个时期的天文学家都被这个谜团所困扰，直到 1916 年，爱因斯坦提出了广义相对论。在牛顿的经典力学中，引力是两个具有质量的物体之间的相互吸引作用。但爱因斯坦却凭直觉意识到，引力的作用比我们能想象的更有意思。

在对水星轨道进动做进一步介绍之前，让我们先来做一个有趣的实验，看看爱因斯坦的等价性原理。

假设我们现在请到一位具有无畏精神的助手，然后把他关进一个与外界隔绝的小屋子里。为了让他不至于寂寞，我们给他拿一个小球，当他松开手，让球自由下落时，小球相对地面运动的加速度是 9.8 米 / 秒 ^{2}，因为这个加速度是地球引力产生的正常加速度，根据这一点，他会判断自己在地球上。

接着，我们在他熟睡后把他送进一架平稳飞行的飞船，船舱的布置与刚刚那间小屋子完全相同。在他醒来之前，我们将飞船发射出去，并且让飞船以 9.8 米 / 秒 ^{2} 的加速度往外太空飞去。我们可以想象一下这个人醒来时的情况：他同样松开小球，发现小球相对地板的加速度还是 9.8 米 / 秒 ^{2}，然后他就得到一个错误的结论，以为自己仍然在地球上，而不是在遥远的外太空。

就这样，我们会发现，从某个角度上说，引力和加速度是可以相互替代的，如果我们选择一个合理的参照系，那么引力就可以转化成一种局部的加速度，这与被吸引的物质是什么没有关系，而与空间本身有关。空间的不同部分，可能由于一个大质量物体的存在而拥有不同的等效加速度，空间也就不再是牛顿经典体系中那种平坦的样子，而是被弯曲了。

空间在太阳附近的弯曲程度比较明显，水星在这个被太阳巨大引力影响而扭曲的空间中运行时，就不再是沿着严格的椭圆轨道，这就造成了水星轨道近日点的进动。按照广义相对论提出的公式精密计算出的结果，恰好比按牛顿经典力学计算出的结果多了 43 秒，与实际观测到的情形相符合，这也证明了广义相对论的正确性。

金星

金星是天空中所有类似天体中看起来最明亮的一颗，只略弱于太阳和月亮的光彩。在晴朗而没有月光的夜晚，金星的光芒甚至可以照出影子来。如果观测者掌握了金星的准确出现位置，再加上视力超群，那么，只要太阳不在金星的附近，当金星接近子午圈时，就可以用肉眼在白天观测到。当金星在太阳东边时，我们可以在西天看到它，它的光辉在日落前微弱暗淡，随着日光的减弱，金星的光会逐渐增强，变得明亮起来。当金星在太阳西边时，它会在日出之前升起，我们可以在东天看到它。由于这两种不同的情形，金星又被称为昏星和晨星。在古代，人们将昏星称作长庚星（Hesperus），将晨星称作启明星（Phosphorus）。据说，古人并不知道长庚星和启明星是同一颗星。

通过望远镜观测金星，即使是低倍率望远镜，也可以发现它的圆缺变化，与月亮的位相一样。伽利略第一次用望远镜对金星进行观测时就发现了这一点，由此也坚定了他支持哥白尼日心说正确性的信心。按照当时的惯例，伽利略把他的这一发现以字谜的形式公布于众，谜面是一串字母，英文直译是“爱的母亲正在模仿辛西娅（Cynthia）的面目呢”。

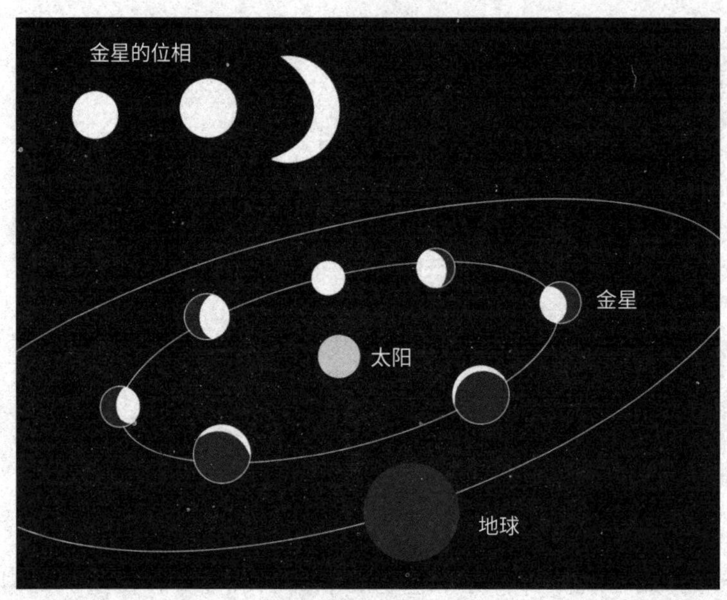

图 4–3　金星在轨道各个部分的位相

我们已经在前面讲述过水星的会合运动，金星的会合运动原则上也与水星基本相似，因此不再赘述。图 4–3 表示的是金星在它的会合轨道不同位置的视大小，可以看出，当金星由上合渐渐到下合时，圆盘在慢慢增大，但我们并不能看到它的全部，它被照亮的表面也慢慢缩小，先是变成半月形，接着变成新月形，越来越细，最后直到下合期。当金星在下合点时，它的黑暗面转向我们，因此我们无法观测到。金星处于下合与大距的正中时是它最亮的时候，此时，如果金星在太阳的东边，它降落的时间会比太阳晚 2 个小时；如果金星在太阳的西面，则会比太阳早 2 个小时升起。

金星的自转

从伽利略研究金星开始，金星的自转问题就引起了天文学家和天文学爱好者的兴趣，但由于金星闪耀着很强的亮光，给这一问题的研究带来了很大困难，颇费了一番周折才得出确切答案。通过望远镜很难看到金星表面清晰的痕迹，只能看见表面略有明暗差异的一团亮光。在望远镜中观测金星，它看起来就好似一个磨得很光又略带锈色的金属球一样。尽管这样，仍然有一些观测者认为，他们能够在这样的观测中分出明暗的斑点。早在1667年，卡西尼（Cassini）就根据这些假定的斑点，推测金星绕轴自转一周的时间不到24小时；18世纪中期，意大利学者布朗基尼（Blanchini）针对这个问题，发表了一篇很长的论文进行讨论，这篇论文图文并茂，内容丰富，得出的结论是，金星绕轴自转一周的时间超过了24天。1890年，斯克亚巴列里则得到一个更为不同的结论，提出金星绕轴自转的周期等于它绕着太阳公转的周期，换言之，金星永远以同一面对着太阳，就好比月亮只有一面对着地球一样。斯克亚巴列里每天花费若干小时进行观测，发现金星南半球上的一些微小的点一直没有移动过，他的观测结果否定了金星大约一天自转一周的论点。洛厄尔在亚利桑那州的天文台经过仔细观察后，也认同了斯克亚巴列里的研究，支持他提出的观点。

上述观察者在认真仔细观察金星表面的特征后，关于金星自转周期这个问题，竟然得出了差异如此之大的结论，这只能归结于这些特征实在都太不明显了。幸好我们目前拥有了功能强大的大型望远镜，得以发现事情的真相：金星自转速度远远慢于地球，一个金星日大约是243个地球日，比金星年还要稍长一些。金星两极并没有如地球两极那样的扁率，地球的高速自转造成了地球的扁率，这从另一个角度也证明了金星的自转速度比地球慢得多。我们还发现了一个新的有趣的现象，相比地球的自转，金星的自转是倒着的，与地球的自转方向相反，从金星的北极看，它是沿着顺时针的方向自转。另外，金星的自转周期和它的轨道周期是同步的，因此，当它与地球的距离缩小到最近时，它朝着地球的一面总是固定不变的。

金星的大气

现在已经非常肯定了，金星外面包裹着一层厚厚的大气，并且这层大气的密度可能比地球大气层的密度还大。1882 年，笔者在好望角观察到了金星在太阳表面经过时出现的一个现象，非常有趣。当金星的大部分从太阳表面经过时，它的外部边缘会变得十分明亮。但这种变化并不是如正常折射引起的那样，从弧的中心点开始出现，而是从接近弧的一端的某一点开始。普林斯顿的罗素（Russell）对这种现象这样解释：因为大气中充满了水蒸气，导致我们无法透过大气层直接折射看见太阳光。我们看见的只是大气中被照亮的一层水蒸气或云朵。如果这就是事实，那么天文学家们在地球上是根本无法透过这层云去观察金星的。因此也进一步说明，那些假设的斑点仅仅是暂时的，且一直在变化。

为了解释这个即便是很优秀的观测者都容易受到误导的现象，我们来列举另一种情况，一部分观测者认为，在金星接近下合时，我们在地球上能够看到它的全部表面，这个时候，金星的样子和月亮在新月出现时的样貌相似，即所谓的“旧月包围着新月”。众所周知，我们之所以能够看见月亮的黑暗半球都是由于地球的反光，但金星不可能反射来自地球或者其他天体的足够的光。也有人认为，金星表面可能覆盖有一层磷光，不过这极有可能只是视觉上产生的错觉而已。我们经常会在白天看见这种现象，那时天空很明亮，如磷光之类的任何微光都是无法看见的。不管我们认为这种光亮是如何产生的，它都应该更容易在黄昏之后被看见，而非在白天。事实上，我们在夜晚什么都看不见，这仿佛说明其与客观事实并不相符。

我们可以用一个著名的心理学定律来说明这个现象，即想象中常常容易夹带看见的类似事物，即使这是并不存在的事物。因为我们对月亮的现象太过习惯，所以在观察金星时，看到相似的情况就将假设的情形加在了金星身上。

1927 年，当金星位于有利的大距时，罗斯通过威尔逊山天文台的大型望远镜，借助红光和红外光拍摄到了金星的样子。照片中金星的盘面几乎是白色的，通过紫外光拍摄的照片上有着清晰的斑纹，这是我们第一次清楚地看见金星上的斑纹，这些斑纹是大气中的云纹，在太阳光照射到金星表面之前，它们可以将大部分的紫外线反射回去。

在照片中，金星盘面的两极上有着明亮的斑点，这些斑点类似于火星上的极冠（polar caps），尽管短暂很多。在圆面上经过的黑带会让我们联想到木星上的云彩，形状能够快速地发生变化。

金星凌日

金星凌日是一种在天文学中很难见到的现象，平均 60 年才出现一次。在过去和未来的几百年间形成了一个有规律的循环周期，大约在

243 年间出现过 4 次金星凌日。金星凌日出现的间隔时间分别是 105.5 年、8 年、121.5、8 年；然后又从 105.5 年开始依次循环下去。过去 6 次及未来 2 次发生金星凌日的时间如下：

1631 年 12 月 7 日　1639 年 12 月 4 日

1761 年 6 月 5 日　1769 年 6 月 3 日

1874 年 12 月 9 日　1882 年 12 月 6 日

2004 年 6 月 8 日　2012 年 6 月 6 日

在过去 100 年间，人们之所以对金星凌日感兴趣，是因为假设可以凭此找到测量地球和太阳之间距离的方法。这种假设以及这种现象的罕见性，也是对过去 4 次金星凌日进行大规模观测的原因。1761 年和 1769 年，众多海洋国家都派出观测者前往世界各地，记录金星进入和离开太阳表面的准确时间。1874 年和 1882 年，美国、英国、德国、法国等国家也都组织了大规模的远程观测团，观察金星凌日现象。1874 年，美国在北半球设立的观测点包括中国、日本和西伯利亚；南半球则在澳大利亚、新西兰等地。1882 年，美国并没有再派出远征的观测团，因为在美国境内就可以很好地观察到金星凌日现象。在南半球的观测点，则设在好望角及另外几个地方。这几次观测对于确定金星未来的运动具有重要意义，但随着研究的进一步发展，出现了其他更可靠的方法，因而这方面观测的价值就大大降低了。

火星

近几年，相比其他行星，各国对火星的兴趣越来越大。2004 年，美国的“勇气号”（Spirit）和“机遇号”（Opportunity）火星车相继到达火星，这是人类航天史上第一次有两辆火星车在火星表面运行；2012 年 8 月 6 日，美国“好奇号”（Curiosity）火星车登陆火星，主要任务是观察火星上的环境是否适宜生物生存，显示了火星探测技术的发展水平。火星和地球的相似性以及对于火星上的气候、海洋、河流等的猜测，使我们对火星是否存在生命的可能性产生了浓厚兴趣。接下来，我将努力向大家说明我们对火星实际情况的了解。通过已有的知识判断，火星表面上是没有生命迹象的，至于它的地表和极冠是否存在原始细菌，只有深入研究后才能确定，但我们可以确定地说，火星上没有高级生命存在，这否定了人们曾经的猜测。

我们首先来了解一些火星详细数据吧，这能帮助我们更好地认识这个星球。火星的公转周期是 687 天，差 43 天就是两年。假设火星的公转周期恰好就是两年，那么火星公转一圈，地球将公转两圈，火星的冲也将规律地每隔两年出现一次。但火星实际公转得要快一些，所以地球需要用至少 1 到 2 个月的时间去追赶它，因此火星的冲发生的间隔时间就会是 2 年零 2 个月。多出的这一两个月在经过八次冲之后补足成一年；这样，火星的冲在经过 15 年或者 17 年后，将回到最初出现的那一天，同时还原其在轨道中所处的位置。在这段时间内，地球已经绕着太阳公转了 15 次或者 17 次，而火星仅仅公转了八九次而已。

火星公转轨道的偏心率较大，冲发生的时间间隔存在约 1 个月的误差，火星轨道的偏心率在大行星中仅次于水星，为 0.093。这个数值接近 1/10，因此与水星的平均距离相比，火星在近日点时大约要近 1/10，而在远日点时大约要远 1/10。火星在冲位时与地球之间的距离也会围绕这个数值发生变化，而在近日点和远日点的冲的区别就更大了。当冲出现时，如果火星在近日点附近，它与地球的距离大约是 5600 万千米；如果此时火星在远日点附近，那么与地球的距离要超过 9600 万千米。这种情况导致火星在便于观测的冲位（八九月份）时的亮度，大约是在不利于观测的冲位（二三月份）的亮度的三倍。

当火星靠近近日点时，由于光亮强烈，璀璨夺目又泛出红色的光彩会明显与众不同，让我们很容易就能辨认出。有些奇怪的是，若通过望远镜观察，火星的红光要比肉眼看见的淡一些。

火星表面及其自转

惠更斯（Huygens）在 1659 年通过望远镜首先观察到火星表面呈现出复杂多样的变化特征，并且绘制了一幅火星表面图，他在图中所描绘的特征至今依然能够明确辨认出来。通过观测火星的这些特征，可以得知火星自转一周的时间是 24 小时 37 分钟，比地球自转一周的时间稍长。

火星的自转周期是除了地球外的所有行星中最准确的，300 多年以来，火星的自转周期没有发生过变化，我们也就没有理由怀疑它会在将来出现变动。火星的自转周期和地球的自转周期如此接近，仅仅多出了 37 分钟，从而导致在连续几个夜晚的同一个小时中，火星呈现给地球的几乎是同一面。不过，由于火星的自转周期比地球自转一周的时间稍长，因而每天夜里火星都会比前一晚落后一点点，40 天之后，我们就可以把火星展现给地球的各个部分看遍了。

火星表面的所有已知情况都可以体现在火星地图上，包括它表面的明暗区域以及平时能够见到的包裹着两极的白色冠状物。当极点靠近地球也靠近太阳时，白色冠状物会慢慢变小，而极点远离太阳时白色冠状物又会逐渐增大。虽然在地球上无法看见它是如何变大的，但等到它再次出现在视野里时，我们会发现它比原来大了一些，火星北极冠的直径在 1000 千米到 2000 千米之间，厚度在 4 千米到 6 千米之间，一直延伸到北纬 75° 左右，多种火星探测器传回地球的图片表明，大气中的二氧化碳凝结之后，形成了火星上具有季节性的极冠，而始终存在的极冠是由水滴冷凝而成的，温度是 –70℃到 –139℃。随着温度的变化，二氧化碳会气化或者凝结，所以极冠的大小一直在变化。随着火星季节的改变，极冠的大小也在发生变化，在火星的冬季凝结在极点周围，在火星的夏季则全部融化或者部分融化。

火星的运河

1877年，斯克亚巴列里宣称在火星上发现了运河，这些所谓的“运河”是火星上纵横参差、从一点经过另一个点的条纹，这些条纹比火星表面略微黑暗一些。人类翻译史上由于翻译失误而引起的误会很多，尤以这一次为最。斯克里亚巴列里把这些条纹称作“canale”，这个单词在意大利语中是“水道”的意思，他之所以这样为它们命名，是因为他当时推测火星表面上的暗区都是海洋，那么这些连接海洋的路线就假定都是有水的，水道由此而生。然而译成英文后的“cancel”是“运河”的意思。这一词义上的小小变动，让所有使用英语的人都以为这些如同人类在地球上开凿的运河一样，是火星居民的功绩。

关于这些水道，一开始天文学权威之间也有争议，原因是这些表面上清晰的条纹在地球上看起来并不是平均一致的，火星上到处都是各种各样的阴影，呈或明或暗的片状，微弱而模糊，从这一块到那一块之间的亮度差异非常小，相互穿插，分不出层次，因此很难说出其准确的形状和轮廓。要分辨出它们已极端困难，加之不同的光照以及地球大气不同的情形，它们的形貌又都在改变。所以，观测者描绘出的水道差异很大，各不相同。在洛厄尔天文台[1]的观测者所绘的图中，这些运河是数量众多的细黑线，织出了一张包住火星表面大部分的网；而在斯克亚巴列里的图中，它们又是有些暗弱的宽阔带状，既没有洛厄尔天文台画出的图那样繁多，也没有那么高的清晰度。洛厄尔天文台的图中有一点很有趣，水道相交的地方都是用深色的圆点标记的，

1 Lowell Observatory，位于亚利桑那州弗拉格斯塔夫。——编译者注

就像一个个圆形的湖。

火星上最清晰可辨的特征之一是一块又大又黑的近乎圆形的斑点，斑点的周围是白色的，这个大斑点被称为“太阳湖”（solis lacus）。所有观测者对这一特征的意见都是一致的，也基本认同从这个湖中延伸出的暗淡模糊的条纹是水道，但更进一步的探究会发现，观测者们对于水道的数目以及周围的地貌特征有不同的看法。火星上的另一特色是著名的物理学家惠更斯第一个画出的——一块三角形的黑斑“大流沙地带”（Syrtis Major）。

关于火星运河是否存在，人们已早无疑义，它是众多天文学家经过无数次观测，并且成功拍摄得出的。只是大致上，他们所见的比最早的观测者见到的也许更宽阔、更不规则也更不精美一些。我们认为这些“运河”是火星上的自然（非人工）景物，火星上曾发生过洪水，这些河道十分清楚地向我们展示出许多地方都曾遭受侵蚀，火星表面显然曾经存在过水，甚至是大湖和海洋，只是目前看起来它们存在的时间很短，而且估计距今也有大约40亿年了。

火星的表面就因为这样而呈现给我们各种极有趣又多变化的相貌。所有行星中，火星的表面是除了地球之外最适宜用望远镜观测的，它呈现在我们眼前的那一片红色背景，使人联想到荒漠的原野；红色背景上那些大块的蓝绿色——一开始叫作“海”，并一直延续到现在，正如月亮上的海一样，尽管这两种“海”到现在已经没有人认为它们再有水了。连接这些海的是一些较狭窄的暗纹，就是“运河”，这旧有的名字也随着“海”一同延续下来。

火星的四季

早期对火星的观测认为，冰雪覆盖着火星极冠区，但是最近的多数观测结果认为，即使火星有大气层，也比地球大气层稀薄得多，主要由95.3%的二氧化碳加上2.7%的氮气、1.6%的氩气、大约0.15%的微量氧气以及0.03%的水蒸气组成。通过最细致的观测发现，火星大气层中的云基本不会遮蔽上面的景物，水蒸气含量极低。既然大气层中水蒸气凝结才会产生降雪，那么火星的两极区域不可能存在大的降雪量。即使火星极区可能下雪，并且融化掉的雪很少，积雪大概也只有几厘米深。

火星表面的平均大气压强只有大约780克，连地球上的1%都不到，但会随着高度的变化而变化，在盆地的最深处可高达980克，而在奥林匹斯山的顶端却只有180克。尽管如此，它也足以支持掀起偶尔席卷火星数十天之久的飓风和大风暴。火星稀薄的大气层也能制造温室效应，只是这种温室效应仅能将其表面温度提高5℃，这比我们所知道的金星和地球的表面温度低了许多。

1976年，“海盗号”（Viking）探测器接近火星，它的观测让我们发现，覆盖在火星两极的物质主要是干冰，而不是积雪，火星表面存在水的猜想也因此被否定（科学家们现在相信，干冰层的下面可能有冰水层）。那么火星的四季又是如何形成的呢？当火星的半球上，春季渐渐过去时，白色的极冠随之逐渐减缩，这一半球的黑暗地方会更明显，绿色也更重；而当夏季慢慢过去，白色极冠完全或差不多完全化去时，这些黑暗地方就很显然地衰败并变成褐色。早期有人认为，这种气候的变迁是来自植物：植物在火星的春季开始变得茂盛，而秋季来临时就死去。当然，这种说法现在已被证明是错误的，那究竟是什么原因形成了火星上的气候变迁现象呢?

科学家们开始把研究的重点集中到火星表面的土壤上，火星表层土壤或许由粉红色的类似长石的矿物构成，又或许由一种地球上没有的矿物构成。有人推测，火星表层土壤由一种性质与塑料相似的低价碳氧化合物构成。美国普林斯顿大学的地质学家迪特·哈格雷夫斯认为，火星的表层土壤由绿高岭石构成。千百万年前，火星上的岩浆岩与火星上一度存在的山相互作用，形成了一层绿高岭石外壳。当时不断有大量陨石穿过薄薄的二氧化碳大气层，落在火星表面。陨石落下时的巨大冲击产生了足够的热量，使火星表面某些区域的绿高岭石转变为红色的磁性矿物，而随后落下的陨石又将这些红色的磁性矿物击碎为细小的红色尘土，它们随风四散，分布到整个火星表面，从而使火星呈红色的外观。

火星的卫星

1877 年，霍尔（Hall）在海军天文台（Naval Observatory）发现了火星的两颗卫星。这是两颗异常渺小的卫星，因而在以前的观测中未曾见过它们。也可能是因为没有人会想过有如此微小的卫星，所以也就没有人花费精力利用大型望远镜去细心寻觅。可是一旦找到后，才发现它们并不像想象中那样难找。当然，即便找到它们是容易的事，能否更好地观测它们还是要看火星在轨道中的位置以及相对地球的方位。只有在火星接近冲位的时候，才可以看到这两颗卫星，每次的时间依情形不同，大约有三到四个月，甚至六个月。火星在近日点附近的冲位时，用直径不到 30 厘米的望远镜就能看见它们；到底可以用多小的望远镜，取决于观测者的技术以及对火星刺眼光线所做的防护程度。一般而言，基本的配置是一架直径 30 厘米至 45 厘米的望远镜。观测这两颗卫星的难点在于火星耀眼的光辉，如果这个问题得以解决，那么再小一些的望远镜也能达成观测目的。由于火星的这种光辉，外层的那颗卫星更容易被看见，尽管内层的卫星更明亮。

霍尔把外层的卫星称为“火卫二”（Deimos），内层的卫星则称为“火卫一”（Phobos），它们得名于古希腊神话中战神的两位侍从。火卫一有一个明显的特点，它与火星之间的距离从火星表面算起只有 6000 千米，是太阳系中所有卫星与其主星的距离中最短的；它绕火星旋转一周只需 7 小时 39 分，比火星绕轴自转一周时间的 1/3 还少。因此，相对火星来说，离火星最近的“月亮”是西升东落。

火卫二的公转周期是 30 小时 18 分，这种快速运动导致它在一起一落之间要经过差不多两天的时间。

如前所说，火卫一距离火星表面只有 6000 千米，如果我们未来的火星移民中有业余天文学家，那火卫一一定是他们最感兴趣的观测对象。

从大小方面来说，这两颗卫星是除了可能还有的部分微弱小行星外，我们在太阳系中看得见的最小的天体。由光度学推测的结果，我们知道火卫二的直径是 8 千米，火卫一的直径是 16 千米，我们见到的它们的大小，就好比从纽约用望远镜看波士顿空中悬着的一个苹果一样。

这两颗卫星的最大用处在于协助天文学家研究火星的准确质量，最终证明了其质量只有地球质量的 1/9，我们将在后面讲述行星质量的章节中向大家介绍火星质量是如何得出的。

小行星群

在行星距离都已被准确测定后，太阳系中火星和木星轨道之间存在的所谓的空隙自然就引起了天文学家的注意。当波德发表他的定律时，这个问题备受瞩目。是这空隙真的原本就存在，还是因为填补这空隙的行星渺小到没有引起我们的注意呢？

意大利天文学家朱塞普 · 皮亚齐（Giuseppe Piazzi）为这个问题找出了答案。皮亚齐是一个热心的天文观测者，他在西西里岛（Sicily）的巴勒莫（Palermo）有一座小天文台，他用望远镜确定了恒星的位置，并为所有他确定的恒星编制了目录。1801 年 1 月 1 日，皮亚齐开创了天文观测的新纪元，在原来没有发现过任何天体的地方发现了一颗星，这颗星很快就被证明是天文学家一直在寻觅的行星，这颗星被命名为“谷神星”（Ceres）。

这个发现之所以轰动一时，是因为谷神星非常渺小；当知道了它的轨道后，又证实了其偏心率很大。很快又发现了新的天体，在这颗新行星被发现后还未完成一个公转周期时，奥伯斯（Olbers）在相同区域又发现了另一颗运行中的大行星。奥伯斯是不来梅的一位医生，常利用闲暇时间做天文观测及研究。因为相继发现的是两颗小行星而不是巨大的行星，所以奥伯斯提出了他的观点，认为这也许是一颗大行星破碎后的碎片。如果真是这样，那么可能还存在很多类似的行星等着人们去发现。这个猜测的后半部分得到了证实，在接下来的三年中，又发现了两颗这样的小行星，总数达到四颗。

就这样大约过了 40 年，1845 年，德国观测者亨克（Henke）发现了第五颗小行星，第二年发现了第六颗。之后便开始了一系列神奇的发现，每年都会有新的发现，现在发现的小行星已经超过 2 万颗了。

寻找小行星

观测者们寻找小行星的兴致不减，一直延续到 1890 年。他们专注于这项观测，刻意寻觅和捕捉，如同猎人捕猎一般。也可以这样说，他们会布置陷阱，把黄道附近某一片星空的分布图画出来，把星星的位置记清楚，然后再去守候那些闯入者，一旦有了入网者——即一颗新行星——“猎人”就会将它收入囊中。

1890 年，摄影技术成为找到这些小行星更容易也更有效的一种方法。天文学家把望远镜对准天空，开动定时装置，用较长的曝光时间为星星拍照，曝光时间大约是半小时左右。如果是恒星，在底片上呈现的就是小圆点；而假如碰巧行星也在其中，那么就一定会运动，它的影像会是一条短线，而不是圆点。天文学家不用再长时间对着天空进行搜索，只需要拍摄照片，再从照片上一一寻找就好。这样就轻松多了，因为行星有长长的拖尾，立刻就能被认出。海德堡

（Heidelberg）的马克斯 · 沃尔夫（Max Wolf）用这个方法发现了 500 多颗小行星。

大部分新近发现的小行星都非常暗弱，并且数量的增加似乎也随着暗弱的程度不断增长。按通常的推测，在我们望远镜所及的范围内大约有 1 万颗小行星。这些小行星实在太小，稍微大一点的小行星也只能在平常望远镜中呈现出星星似的点子，它们的圆面就更不容易被看出了，即使是用上最有力的工具也很难。谷神星算其中最大的小行星，直径有 770 千米。其他约有 12 颗小行星直径超过 160 千米，最小的小行星只能利用光度学粗略推算，直径大概在 32 千米到 48 千米的范围内。

小行星的轨道

有些小行星的运行轨道的偏心率非常大，例如希达尔戈星（Hidalgo），其轨道偏心率是 0.65，也就是说，当它处于近日点时，它和太阳的距离要比它到太阳的平均距离近 2/3；而在远日点时，它和太阳的距离要比它到太阳的平均距离远 2/3，它到太阳的最远距离几乎是土星到太阳的距离。

另一个值得关注、也容易注意到的是，一些小行星的轨道倾斜度非常大，有的倾斜度超过了 20°，例如希达尔戈星，其轨道的倾斜度高达 43°。

之前认为这些小行星是行星爆炸之后产生的碎片的见解，目前已知是不正确的，不再作为参考。小行星的轨道占领着很宽的边界，分布范围广，如果这些小行星以前是一个整体，那么它们不会变成现在的样子。依据现在的哲学理论可知，这些天体从存在之初就是现在我们看到的样子。另外，依据星云假说理论来看，所有行星都是曾经围绕太阳运行的环状星云的组成部分。环中的物质渐渐聚集到环中密度最大的质点周围，从而形成了行星。也许小行星带没有以这样的方式聚集到一起，而是分散成了这些不计其数的碎片。

按照钱柏林（Chamberlin）和莫尔顿（Moulton）提出的星子假说（planetesimal hypothesis）认为，这些小行星由比大行星小一些的行星相互撞击而形成。“半成品说”理论则认为，大约46亿年前太阳系形成初期，太阳系是由一段星云凝聚而成的天体。凝聚的过程中有一部分形成了大行星，另一部分没能形成，而是分散在火星轨道和木星轨道之间，构成了小行星带。

轨道的分群

这些小行星的运行轨道有一个特点，或许通过这个特点，我们可以推测小行星的起源。我已经在前面讲述过，行星的运行轨道是近似于圆形的椭圆，但并不以太阳为中心。想象一下我们从无限高的地方向下看太阳系，设想小行星的轨道如同精细绘制的圆圈，这些圆圈将相互交织在一起，如同一个错综复杂的网络，构成一个宽阔的圆环，这个圆环的外圈直径大约比内圈直径大一倍。

如果这些圆圈能够如金属线圈一般被拿起来，将它们以太阳为中心放置，而不改变其大小，那些大圆圈的直径要比小圆圈的直径长一倍，所以这些圆圈占据的地方会非常宽，就像图4–4中表现出来的那样。令人惊异的是，这些轨道在空间中的分布并不是均匀的，而是有

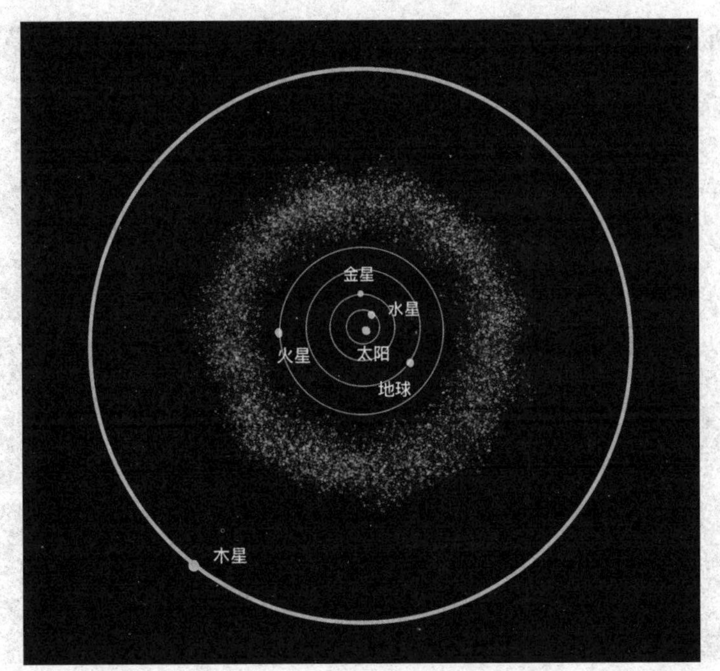

图 4–4　主小行星带（白色部分）

十分明显的分群，虽然图 4–4 中已经能够看出来，但为了更清楚地表现分群的情况，我们在图 4–5 中采用了不同的表示方法：每颗行星绕着太阳公转一周都在一定日期内，行星距离太阳越远，公转周期越长。由于轨道的全圆周是 129.6 万秒（360 度），用这个数字除以行星的公转周期，得出的就是该行星平均每天运行的角度。这个角度又叫作这颗行星的“平均运动”（mean motion）。小行星的平均运动在 300 至 1100 秒之间，有时甚至会超过 1100 秒，度数越大，公转周期越短，小行星与太阳之间的距离也就越近。

现在我们来画一条水平线，然后标注出平均运动的数值，从 300

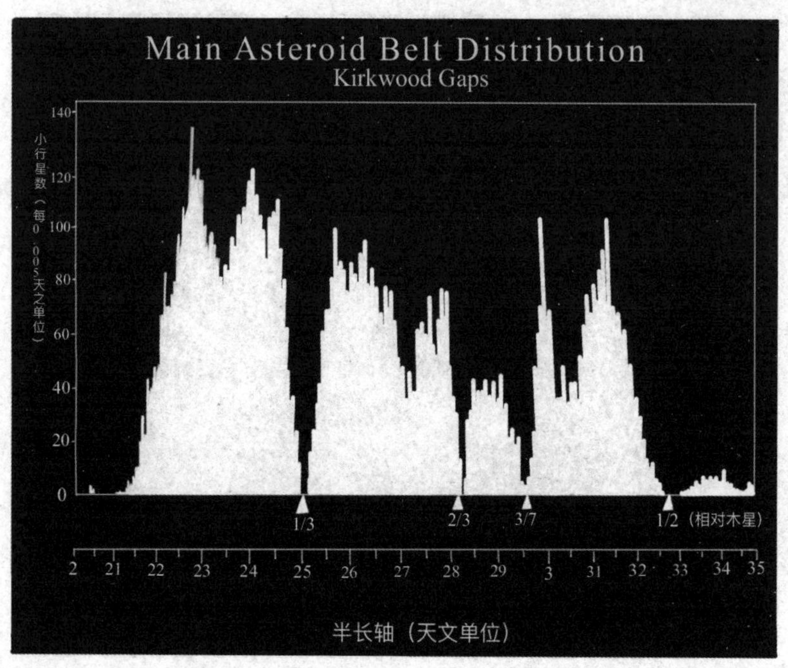

图 4–5　小行星带轨道分布

秒一直到 1200 秒，中间以 100 秒等分，在两个刻度之间，有多少个行星的平均运动值在这个区间就标出多少个小点。仔细观察图 4–5，就能够分出五到六个群，最外层小行星的平均运动值在 400 秒到 460 秒之间，距离木星比较近，公转周期差不多需要八年的时间。接下来直到 560 秒是一道很宽的间隔，在 540 秒到 580 秒之间有 10 颗小星星。从这个点开始，越靠近木星，小行星的数量就越多，但在 700 秒、750 秒以及 900 秒附近的小行星非常少，甚至完全没有。这就是奇怪的地方：在这些空隙处，小行星运动只与木星运动相关。如果一颗小行星的平均运动是 900 秒，那么它绕着太阳旋转一周的时间是木星公转一周时间的 1/3；如果平均运动是 600 秒，绕太阳旋转一周的时间是木星公转一周时间的 1/2；750 秒的话，则是 2/5。根据天体力学定律，如果一颗行星的轨道与其他行星存在上述简单关系，那么就会因为两者之间的相互作用而在运行时间上发生巨大的变化。因此，第一个发现并指出这些空隙的柯克伍德（Kirkwood）认为，这些空隙之所以会产生，是因为处于空隙中的行星运行轨道无法保持原样。不过令人诧异的是，通约数是木星的 2/3 或者相等的地方，不仅不存在空隙，反而有成群的小行星。其中的原因还没有找到，有人通过统计解释，认为当通约数是 1/4、2/7、1/3、2/5、3/7、1/2 时，这些地方与小行星的径向分布概率的零点相符。

爱神星

我们要单独介绍这些小行星中的一颗非常特殊、引起我们特别关注的小行星，1898 年之前已经知道的几百颗小行星，都在火星轨道和木星轨道之间的区域运行。但是在 1898 年的夏天，柏林的维特（Witt）发现了一颗小行星在近日点时竟然进入了火星轨道内部，事实上它已在地球轨道 2200 万千米以内了。维特将这颗小行星命名为爱神星（Eros），爱神星的轨道偏心率非常大，以至于远日点时它已远远在火星轨道之外。而且这颗小行星的轨道和火星的轨道像锁链一样相互交织，假如用丝线模拟两者的轨道，两根丝线是套接在一起的。

由于爱神星轨道的倾斜，它似乎游离到了黄道的界限之外。当爱神星与地球距离最近时，如 1900 年，它居然移动到了很远的北方，使得它在北纬中部时一直在地平线之上，而经过子午圈时还在天顶的北边。爱神星这种运动的特殊性，也是它未被很快发现的原因之一。从1900年到1901年的冬天，爱神星距离地球最近，我们曾经仔细地研究这颗小行星，发现它的光度一直在变化。经过观测发现，这种光度变化是有规律的，变化的周期是5小时15分。也有人提出，这颗行星其实由两颗行星组成，两者相互围绕转动；但还有一种说法是，这颗行星表面可分为光明区和黑暗区，它的光度变化是由朝向地球的半球表面上明区和暗区的面积对比造成的。2000年时，小行星探测器NEAR靠近爱神星附近，在传回地球的照片上，我们找到了答案——爱神星的亮度变化表明它是一个表面凹凸不平的柱体，这个柱体的体积大约是40×14×14=8040立方千米。

有人猜测，爱神星的光亮变化或许是由其自转引起的，也一直有人认为是因为爱神星旁边有另外的小行星，但至今仍没有确切的答案。

从科学的层面来看，爱神星也非常有趣，因为它一次次离地球那样近，能够准确地测量出它到地球的距离，由此还可以测量出它到太阳的距离和整个太阳系的规模。遗憾的是，爱神星每次回到距离地球最近位置的时间间隔太长了。

1900年，爱神星和地球之间的距离大约是4800万千米；1931年1月30日，爱神星和地球的距离仅仅是2600万千米，这已经比其他行星与地球的距离更近了，而它还可以缩短320万千米。

近地小行星

在已经发现的众多小行星中，有1400多颗小行星的轨道可能与地球轨道相交，这些小行星被称为近地小行星。在这些行星中，目前已知直径大于1千米的大约有500多颗，它们中的任何一颗小行星一旦与地球相撞，便会给人类带来毁灭性的灾难。

那么近地小行星撞击地球的概率有多大呢？据说平均几千万年会出现一次造成人类灭绝灾难的撞击；平均几十万年出现一次危及全世界四分之一人口的撞击；平均100年出现一次大爆炸，如1908年发生的通古斯大爆炸，爆炸的威力相当于同时引爆几百颗广岛原子弹。幸运的是月球和木星都在保护着地球，它们的运行阻止了许多小行星靠近地球。

我们需要针对小行星的运行做一些防范工作，比如建立空间监测搜索网，寻找尚未发现的近地小行星，测量小行星的运行轨道等。

1985年，中国科学院国家天文台正式开始实施施密特CCD小行星计划，通过设在河北省兴隆观测基地的60/90厘米的施密特望远镜进行小行星巡天观测；1995年，美国GPL和美国空军联合进行的“近地小行星追踪计划”，运用了美国空军在夏威夷毛伊岛建立的电子光学深空监测站；1996年3月26日，罗马成立了“太空防卫基金会”，这是一个由优秀的天文学家共同组成的组织，他们在近地小行星领域有着杰出的表现。这个基金会在全球范围内建造了望远镜观测系统，系统地搜索和观测近地小行星和彗星。

美国国家航空航天局主要研究小行星的本质，他们投入了大量精力观测小行星是纯铁的多，还是石铁混合在一起的多，然后采取相应的措施，只要发现直径是10千米左右的小天体有可能会与地球相撞，并且运行轨道逐渐降低，就可以采取措施，启动太阳能帆板或者大型火箭发动机，人为改变小行星的运行轨道，让近地小行星沿着其他轨道运行，从而避免撞击地球的情况发生。

木星及其卫星

木星是太阳系中最大的行星，是除了太阳之外的又一“巨人行星”，它的外形和质量是其他所有行星的合体的三倍多。尽管如此，它还是不能与太阳系的中心天体相提并论，因为即使是木星这样的庞然大物，它的质量也不及太阳质量的千分之一。

木星冲日大约每一年比前一年推迟一个月，也就是每 13 个月发生一次。由于木星的颜色和光彩，接近冲日时在夜晚很容易就能被辨认出来。这个时候，它是天空中除了金星之外最亮的类似恒星的天体，虽然有时火星也比它亮，但它和火星有明显的区别，不会混淆，因为木星是白色的。即便使用小型望远镜观察木星，甚至是用比较好的普通望远镜观察，都很容易发现它不是一个亮点，而是一颗非常大的星球。我们还发现在圆面上有两道暗弱的带状条纹穿过，这是在 300 年前惠更斯就注意到的东西，并且将它画在了纸上。如果用倍数更高的望远镜观察，将会发现这些带状物是一些云状物，像云彩一样变化多端，每个月，甚至每一夜都有不同的形状。如果坚持每天夜晚都认真观察木星的情况，就会发现木星自转一周的时间大约是9小时55分钟，因此，天文学家可以在一个夜晚观察到木星的整个轮廓。需要说明的是，我们现在观察到的木星表面的斑纹与20年前观察到的有了一定的区别，因为苏梅克－列维9号（Shoemaker-Levy 9）彗星曾经进入木星的范围中，而且受到木星的吸引，在1994年7月与木星相撞，这一次的重大撞击改变了木星表面原来的样子。

观测者用望远镜观察木星时，木星表现出的两个特点会立刻引起细心的观测者的注意。其中一个特点是，木星圆面的光度并不均匀，中心比较明亮，接近边缘的地方逐渐暗淡。弱边远处的光度并不耀眼，而是扩散开来。在这一点上，木星的情况与火星及月亮呈现出的外观形成了鲜明的对比。圆面边缘处的暗弱通常被认为是受到环绕着行星的大气的影响。

木星的另一个特点是，它并不是规则的圆形，和地球一样，其两极处比较扁平，而且扁平的程度比地球更大。即便是最细心的观测者，如果从另一个行星上观测地球，也几乎无法发现地球与正圆球体的差异。由于目前的自转速度非常快，导致赤道部分凸出来，造成了木星的显著的扁率。

木星的表面

从望远镜中观察，木星的形态和我们在大气中所见的云彩一样变化多端。木星上通常有细长的云层，其形成的原因和我们大气中云层的成因明显一样，是由于空气的流动。这些云中经常可以见到白色的圆点，而云的颜色有时呈淡红色，尤其是赤道附近的云。在赤道南北两边的中纬度区域，云是最暗也最明显的。正是由于这样，这两处的云在小型望远镜中观测时呈现的是两条黑色的带状。

木星的外观在每个方面都几乎与火星或金星有着较大的差别，其中最明显的一点就是木星完全没有恒久不变的特征。火星的地图可以绘制出来，并经过一代又一代的观测验证其准确性。但木星因为没有恒久不变的特征，就不可能绘制出地图之类可参考的东西。

尽管木星表面缺乏稳定性，但还是有一些特征是持续了许多年没有改变的，其中最引人注意的就是于 1878 年出现于木星南半球中纬度的红色大斑点，天文学家将其命名为"大红斑"。这个巨大的斑点在鼎盛时期的长度大约为 2.5 万千米，宽度约为 1.2 万千米，能够容纳两个地球，很容易就可以被观测到。经过 10 年后，大红斑开始逐渐消失，有时似乎完全消失了，但一段时间后又重新明亮起来。这种变化始终存在，持续至今，或许还会延续到遥远的未来。有人认为，大红斑出现的地方是一个高压区，那里的云层顶端与周围地区相比要高得多。200 多年前，天文学家发现在大红斑的下方还有一块白色的大斑点，到现在仍然能被清晰地观测到。

木星的构成

对于木星的构成，到现在我们还说不清楚，也没有一种假说可以对所有事实进行解释。

木星最主要的特点，也是最能引起我们注意的特色，就在于它的密度很小，木星的直径大约是地球直径的 11 倍，因此木星的体积大约是地球体积的 1300 倍以上，但它的质量仅是地球的 300 多倍。由此可知，木星的密度一定比地球的密度小。事实上，木星的密度也的确只比水的密度大 1/3 而已。通过简单的计算，我们可以得出木星的表面重力是地球表面重力的二至三倍。在引力的作用下，我们假设木星的内部是高度压缩的，因此它的密度也比较大。假如木星表面与地球表面相似，也是由固体物质或液体物质构成的，那么上述情况将会比较可靠，通过事实推测，木星的外层成分应该是气状物质。

我们不仅可以通过木星变幻莫测的外貌推测出它外面包围着一层大气，还可以根据它的自转规律进行判断。我们发现，木星和太阳有一个共同之处，木星赤道部分的自转周期要短于北纬中部的自转周期，尽管木星绕的圈子更长一些。赤道部分的自转周期要比中纬度地区的自转时间短约 5 分钟，也就是说，赤道部分自转一周的时间是 9 小时 50 分钟，中纬度地区的自转周期则需要 9 小时 55 分钟。这表明两部分的速度之差大约是每小时 320 千米。如果木星表面是由液体物质或固体物质构成，那么绝不会出现这种情况。这个推测已经被“伽利略”号木星探测器（Galileo）证实，伽利略号和苏梅克 – 列维 9 号彗星几乎同时接近木星。

木星的主要成分是氢，大约占 90%，剩余的 10% 由氦及少量的甲烷、水、氨等构成，这与原始太阳系星云的主要成分十分相似。“伽利略”号木星探测器只探测到云层下面 150 千米的地方，因而对木星内部结构的认识非常有限。目前我们推测，木星有一个固体的内核，质量相当于 10 到 15 个地球的质量，其密度可能类似于地球或其他固体行星的密度。内核由大部分行星物质聚集而成，以液态金属氢的形式存在。液态金属氢的组成物质是离子化的质子与电子，与太阳的内部结构相似，但温度会低很多。木星内部压强大约是 4000 亿帕斯卡。

木星的卫星

当伽利略第一次把他的小望远镜对准木星时，他欣喜而惊讶地发现，有四颗很小的星星伴随着木星。经过无数个夜晚的仔细观测，他发现这四颗星星都围绕着中心天体公转，就如行星绕着太阳（值得注意的是，太阳中心说理论在当时并未完全被认同）运行一样。伽利略发现的这种与太阳系极其相似的结构，有力地支持了哥白尼的日心说理论。

只要通过普通的天文望远镜，甚至是玩具望远镜就能观测到这些小天体，还有人宣称曾经肉眼就成功地观测到了它们。如果木星不存在的话，那四颗小天体就像其他小行星一样明亮，确实可以通过肉眼观测到，但由于木星的光辉太强了，所以肉眼观测到这四颗木星卫星是十分困难的。

尽管木星的四颗卫星都有名字：Io（木卫一）、Europa（木卫二）、Ganymede（木卫三）和 Callisto（木卫四），但我们仍然习惯依照它们与木星的距离远近来称呼它们。与我们所熟悉的月球相比，木卫二要小一些，而木卫一则稍大些。木卫三和木卫四的直径大约是 5100 千米，比月亮的直径大 50% 左右。木卫三是太阳系中最大的卫星，比水星还要大。不过，由于它们和太阳的距离大约是月球到太阳的距离的五倍，所以四颗卫星聚集起来照在木星上的亮度还不及月球照到地球上亮度的 1/3。与月球总是一个面对着地球一样，木星的四颗卫星也是永远以相同的一面对着木星，换言之，它们的自转周期与公转周期相等。

1892 年之前，在人们的认知中，木星只有四颗卫星，直到巴纳德在利克天文台找到了第五颗卫星。与前面四颗相比，这颗卫星与木星的距离更近，也更加暗淡。木卫五绕着木星公转一周的时间不到 12 小时，这是除了火星内层卫星外已知的最短公转周期，但比木星的自转周期还是要长一点。在原来的四颗卫星中，木卫一与木星间的距离最近，它绕木星公转一周的时间是 1 天又 18.5 小时，而最外层的一颗卫星环绕木星一周则差不多需要 17 天。

木星的第六颗和第七颗卫星是佩林（Perrine）分别于 1904 年和 1905 年在利克天文台发现的，它们与木星的平均距离都超过了 1100 千米，环绕木星公转一周的时间大约是 8 个多月。紧接着，又发现另外两颗，木星就共有九颗卫星了。1908 年，梅洛特（Melotte）在格林尼治天文台发现了木卫八; 1914 年，尼克尔森（Nicholson）在利克天文台发现了木卫九。这两颗卫星与木星的距离在 2400 万千米到 3200 万千米之间，它们绕木星公转的周期都超过了两年。在太阳系中，它们与主星的距离是最远的，并且它们还有一点与太阳系大部分成员的不同之处，就是它们都是自东向西旋转的。

现代天文观测技术的发展，让我们发现了越来越多的木星卫星，截至 2018 年 2 月，天文学家们通过各种方式发现了木星的 79 颗卫星。

木星的卫星中，外层四颗卫星的轨道偏心率都比内层的要大一些。这些卫星都非常小，直径大约只有 160 千米，甚至还要小很多，因此要用大型望远镜才能观测到。有些人推测，外层卫星与内层卫星的来源是不同的。多数天文学家认为，外层卫星可能是被木星的巨大引力吸引而来的小行星和彗星，类似于苏梅克 – 列维 9 号那样的情况。

这四颗明亮的卫星在环绕木星运行时，经常会出现许多很有趣的现象，我们可以通过小型望远镜观测到。这就是卫星的“蚀”和

“凌”。当然，与其他不透明体一样，木星也会投下影子。卫星在环绕木星运行经过木星的一边时，一定会从木星形成的阴影中经过（有时候，木卫四和大多数距离远的卫星会是例外）。当一颗卫星进入阴影后会逐渐暗淡，最后完全从视线中消失。

同样的道理，当卫星经过木星正面这一段时会慢慢穿过木星的视圆面。一般的规律是，当一颗卫星刚进入木星的视圆面时，它看起来会比木星更亮，这是由于木星的边缘比较暗。可是当卫星接近视圆面中央时，看起来就没有背景中的木星亮了。当然，出现这一现象并非是由于卫星亮度的变化，仅仅是由于木星的中心区域比边缘更明亮。关于这一点，我们在上文已经提到过了。

卫星的影子也非常有趣，在这种情形下，常常可以在木星上见到卫星投射的影子，看起来就像一个黑点在卫星旁边一道经过。

在天文星历中，木星卫星的各种现象（包括卫星以及它们影子的“凌星”）都有记载，因此观测者可以很清楚地知晓何时能观测到“星食”（stellar eclipse）或“凌星”（transit）。

在最早发现的四颗卫星中，最内层卫星的食不到两天就会发生一次。根据这种现象发生的时间，一个在地球上未知区域内的观测者可借此来判定当地的经度。首先，他需要通过某种简单的天文观测方法，判断自己的手表与当地时间的误差，天文学家和航海家都很熟悉这种方法。然后，他把自己观测到的卫星凌木（或者是食）的准确时刻与天文星历中记载的格林尼治标准时间相比较。按照我们在本书第一章中的“时间和经度的关系”（第 15 页）一章中所讲述的方法，以这一差异为凭据就可以得出当地的经度了。

不过，这种方法的精准度并不高。这种观测方法大约会产生 1 分钟的误差，或者说在赤道上的误差约为 24 千米。

木星的光环

木星光环的发现是一个意外，当“旅行者 1 号”探测器（Voyager 1）在航行了 10 亿千米之后，两位科学家一再坚持要求顺便观察木星是否有光环存在，于是意外地发现了木星光环。后来，通过地面上的望远镜也观测到了木星的光环。木星的光环很暗淡（反照率为 0.05），它由许多颗粒状的岩石材料构成。在大气层和磁场的作用力下，木星光环中存在的粒子很不稳定。如果木星光环想要保持形状，就需要不断地补充粒子。光环内部的两颗小卫星——木卫十六和木卫十七显然是光环原料的最佳补给站。

土星及其系统

在所有行星中，土星在大小和质量两方面仅仅居木星之后。土星围绕太阳的公转周期是 29.5 年。当这颗行星可以被观测到时，观测者很容易就能将它认出来，原因有二，一是由于它的淡红色光芒，二则是因为它的光是固定的，而不是像周围的恒星一样闪烁。

尽管土星远不如木星明亮，但土星巨大的光环使其成为太阳系中最绚丽的行星。哪怕其他行星也拥有光环，但土星光环的美丽和巨大仍然是天空中独一无二的存在。这也是早期用望远镜进行观测的观测者曾经认为土星的光环是一个谜的原因。伽利略一开始看土星光环时，感觉它们好像是土星的两个把手，但过了一两年后他却渐渐看不到它们了。我们现在知道，之所以会出现这种情形，是因为土星在轨道上运行时，这些光环的侧面恰好对着地球，又因为土星光环很薄，在伽利略使用的不够完备的望远镜中无法看到它。“把手”的突然消失给这位伟大的科学家造成了很大的困惑，据说他很担心自己在这项观测中产生了什么幻觉而一度停止了对土星的观测。后来伽利略年事渐高，就将继续观测的工作交给了其他人。不久，土星的这两个“把手”自然又出现了，可还是无法知晓它们到底是什么。直到40多年后，天文学家兼物理学家惠更斯才把这个谜团解开，他宣布了自己的结论，说明土星四周围绕着一圈很薄的环形平面，与土星本身没有直接接触，并与黄道倾斜。

土星的物理结构

土星和木星是相邻的两颗行星，因此土星的物理构成与木星有很多相似之处。这两颗行星的密度都很小，而土星的密度甚至比水的密度还小；它们的自转速度都很快，土星自转一周需要的时间大约是10小时14分钟，比木星自转一周的时间略长一点；与木星类似，土星的表面也好像由云状物变换而成，但很暗淡，因此无法看清楚。

我们在前文已经说过的关于木星密度小的原因，同样可以应用在土星上。土星同样也有一个体积较小但质量较大的中心核，周围覆盖着厚厚的大气，而我们看到的仅仅是大气的外层而已。

土星光环的各种变化

1666年，巴黎天文台（Paris Observatory）正式建立，这是法国路易十四时期的一个科学部门。天文学家卡西尼就是在这里观测到土星光环的环缝，发现光环实际分为两道，一道在外面，另一道在里面，但都位于同一平面。与此同时，另一位天文学家恩克（Encke）发现，外层光环也存在一道缝。这些环缝以发现者的名字命名，“恩克环缝”

（Encke gap）没有“卡西尼环缝”（Cassini division）那么清晰，仅仅是一道暗影而已。

为了清楚表示土星光环的各种变化状态，我们先画一幅光环垂直状态（这在现实中是无法观测到的现象）的图。在图 4–6 中，我们首先会注意到的是卡西尼环缝，它把光环分为外环和内环，外环较窄。在外环上看到的是模糊的灰白色恩克环缝，它没有卡西尼环缝清晰，也更难看清。内环在内侧边缘渐渐暗淡，内侧灰白色的边界叫作土星暗环。土星暗环是哈佛天文台的邦德首先提出来的，长期以来，这个部分都被认为是独立的一道光环，但认真观测会发现事实并不是这样。这道土星暗环连接着外侧的环，而外侧的环也只是渐渐飘移到这道环上。

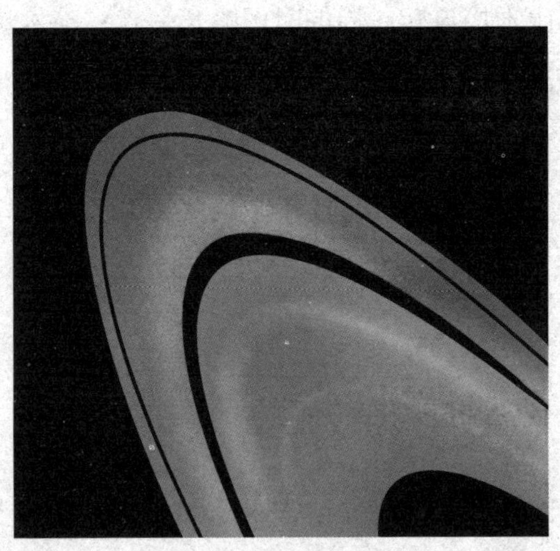

图 4–6　土星的光环

土星光环与土星的轨道平面倾斜角大约为 27°，但在土星绕着太阳公转的过程中，土星光环与土星在太空中保持着相同的方向。我们用

图 4–7 展示这种情况的效果，图中是土星环绕太阳轨道的透视图。当土星在 A 点时，光环的北面（上方）被太阳光照射。7 年之后，当土星在 B 点时，土星光环与太阳侧面相对。经过 B 点以后，光环的南面（下方）被太阳光照射，偏斜角增加至土星到达 C 点的最大值，大约是 27°。此后，光环相对太阳的偏斜角逐渐缩小。当土星运动到了 D 点时，光环的边缘再次对着太阳。当土星从 D 点运动到 A 点再运动到 B 点，太阳光就重新回归北方了。

与土星比起来，地球和太阳之间的距离就太近了，让我们在地球上观测土星光环时几乎与在太阳上观察的效果相似。我们会在连续 15 年的时间里一直看到土星光环的北面，其中第 7 年光环的角度最大。此后年复一年，角度会越来越小，土星光环也逐渐以侧面对着地球，最后成了跨越土星的一道线，或者说土星光环消失不见了。随后，土星光环会再渐渐展开，光环的南面对着地球，再过 15 年后消失。如此往复，30 年为一周期。

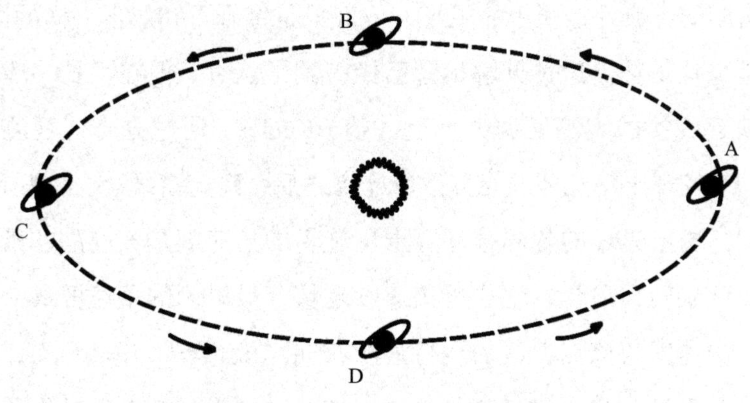

图 4–7　土星环绕太阳轨道透视图

当我们对土星光环的形状有了了解之后，就能很容易明白它们留给我们的印象。在我们看来，这些土星光环的角度永远是偏斜的，但偏斜的角度不会超出 27°。对于观测者而言，光环偏斜角越大，越利于清楚和便利地观测，而且也是观察环缝与暗环的最佳时机。土星在土星光环上的暗影是一道深色的缺口，土星光环在土星上的暗影与内环的边相同，是一道穿过土星的暗线。

光环的本质

当我们公认天体运动也遵循在地球上研究所得到的牛顿力学定律时，土星光环又在我们面前摆出了难题：这些光环的位置为什么不会发生变化呢？是什么让土星不向内环移动，从而破坏整个美丽的结构呢？虽然没有找到这两个问题的答案，但观测者经过相应的数据研究已知土星光环一定不是像看起来那样连成一片的。由于土星巨大的吸引力作用，土星光环是没办法连在一起的，而是由微小的物体云集在一起构成的，或许是很小的卫星，或许只是像砾石和灰尘一样的微粒，或许是一片烟雾。这种见解尽管已经得到了认可，但在很长一段时间内却缺乏直接的观测证据。直至基勒（Keeler）通过分光仪观测研究土星，才发现土星光环的光分散成光谱之后，暗光谱线会有一些移动。这表明，土星光环的各部分环绕土星旋转的角速度是不同的，最外侧的角速度旋转得最慢，越往里角速度越快，最里侧的角速度最大，而每个点的速度与该点卫星的运行速度相同。由此我们可以判定，土星光环是由无数非常小的碎片组成的。但是，对于土星以及其他类木行星的光环的来源，我们还是不清楚。尽管这些行星可能在形成时就有光环，但是光环系统很不稳定，光环在运行过程中可能一直在变化，也可能是比较大的卫星的碎片。

土星的卫星

除了拥有光环之外，土星也有众多的卫星（截至 2019 年的统计，已经发现了 82 颗土星卫星）。土星的卫星大小不同，它们与土星的距离也是远近不同的。在这些卫星中，一颗名为泰坦（即土卫六，Titan）的卫星通过小型望远镜就可以被观测到，而最小的卫星则需要用大型的望远镜才能被观测到。

惠更斯在对土星光环的本质进行观测研究时，无意间发现了泰坦。在惠更斯的通信文集公开后，大家还知道了关于这个发现的另一个故事：根据当时的学术习惯，这位天文学家为了确保自己研究发现的优先权，所以把这个发现隐藏在一条由字母组成的谜语里，这条由字母组成的谜语隐晦地告诉读者，土星的伴侣绕着土星旋转一周的时间不会超过 15 天。惠更斯将这个谜语给英国的著名天文学家沃利斯（Wallis）送了一份。沃利斯在回信给惠根斯时，除了对他表示感谢外，还附赠了一条新的比惠更斯的谜语有更多字母的谜语，告诉惠更斯这是自己想对他说的话。当惠更斯向沃利斯解释了自己的谜语之后，沃利斯也向他说明了回赠谜语的答案，这个答案令惠更斯无比惊讶，因为沃利斯所揭示的正是与他相同的发现，仅仅是用词不同，内容更长些罢了。后来惠更斯才知道，沃利斯很快就明白了他的谜语，之所以自创了一条答案相同的新谜语，只是为了警示他，靠谜语这类文字游戏隐藏结论毫无意义。

需要注意的是，近年来，科学家们对泰坦越来越重视，因为这颗卫星的周围有一个很重要的大气层。在卫星表面，大气压强超过了15万帕斯卡，高出地球压强50%。泰坦的大气层主要由分子氮组成，这一点跟地球的大气层相似，另外还有6%的氩气和一些甲烷。十分有趣的是，大气层组成部分中还有微量的其他有机化合物，如乙烷、氢氰酸、二氧化碳等。土卫六大气层上部被太阳光破坏，看起来就像城市上空的烟雾，只是更厚一些。在许多方面，这跟地球上开始出现生命时的早期条件很像。

1655年，惠更斯在宣布发现土星卫星泰坦之时就高兴地认为太阳系至此完整了。当时发现了七颗大的行星和七颗小的行星，两者的数字神奇般地一致，正符合了欧洲文化中的一种魔数。但是，在随后的30年里，卡西尼就打破了这个神奇的系统，他接连发现了四颗土星的卫星。此后，又经历了100年，伟大的赫歇尔再次发现两颗卫星。1848年，邦德在哈佛天文台发现第八颗；1898年，皮克林（Pickering）发现了第九颗……

下面这张表格是土星九颗卫星的列表，其中包括了它们与土星的距离（以千米为单位）、公转周期以及发现者的姓名：

编号	名称	发现者	发现年份	与土星的距离（千米）	公转周期（天）
土卫一	Mimas	赫歇尔	1789	186000	0.94
土卫二	Enceledus	赫歇尔	1789	238000	1.37
土卫三	Tethys	卡西尼	1684	295000	1.89
土卫四	Dione	卡西尼	1684	377000	2.74
土卫五	Rhea	卡西尼	1672	527000	4.52
土卫六	Titan	惠更斯	1655	1222000	15.95
土卫七	Hyperion	邦德	1848	1481000	21.28
土卫八	Iapetus	卡西尼	1671	3561000	79.33
土卫九	Phoebe	皮克林	1898	12952000	- 550.48

表 4-2　土星的卫星

表中最值得注意的是这些卫星的距离相差非常大，并且较内层四颗卫星的公转周期间存在一种和谐的关系，这是引潮力造成的。内层的五颗卫星仿佛形成了一个集团，这个集团与相邻集团间有一个巨大的空隙，距离超过内层五颗卫星的总宽度；此后才是另外两颗卫星组成的集团——泰坦与海伯利安（土卫七）；接着又是一个比海伯利安到土星的距离还要宽的大间隙；此后是伊阿珀托斯（土卫八），最后才是福柏（土卫九），差不多又远了四倍。

土星卫星的公转周期之间存在着有趣的关系，土卫三的公转周期恰好是土卫一公转周期的两倍，而土卫四的公转周期又大约是土卫二公转周期的两倍，此外，泰坦公转周期的四倍与海伯利安公转周期的三倍几乎相等。

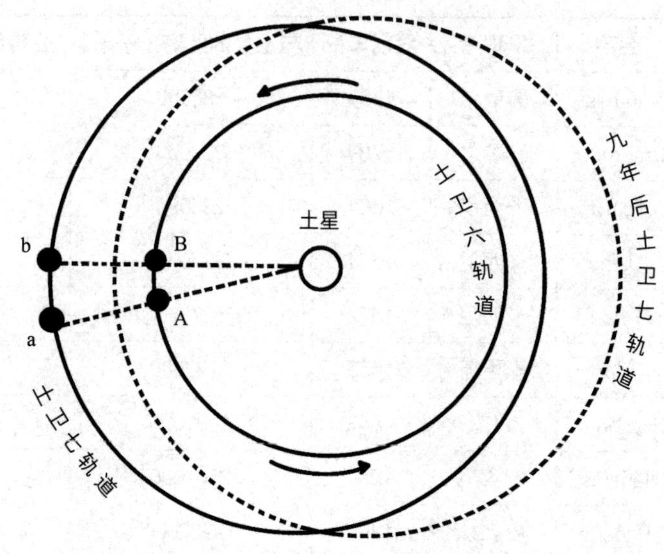

图 4–8　土卫六和土卫七的轨道及其关系

最后提到两颗卫星之间的关系缘于二者引力奇特的相互作用，为了表明这一点，我们将它们的轨道图绘制出来。通过图 4–8 可以看出，靠外的海伯利安的轨道偏心率非常大。假设两颗卫星在某一时刻在一条直线上相合，内侧较大的泰坦位于 A 点，位于外层的海伯利安在 a 点上。经过 65 天后，泰坦环绕土星转了四周，而海伯利安绕着土星转了三周，于是它们再次相合，虽然距离上次相合的地方很近，但没有重合在一起。这个时候，泰坦将到达 B 点，而海伯利安将到达 b 点。第三次相合的地方便在直线 Bb 上，以此类推，相合点会一直向上移动。其实，两次相合之间的差距比我们在图上画出的更小。经过 19 年的时间，这些相合点会慢慢遍布整个圆周，泰坦和海伯利安再次相合在 Aa 线上。

这些相合点绕着圆周慢慢移动产生的影响就是海伯利安的轨道，或者更准确地说是其轨道的长轴也随着这些相合点做圆周运动，因此相合永远出现在两个轨道相距最远的地方，图 4–8 中的虚线说明了海伯利安的轨道在九年内的变化情况。

这种作用在整个太阳系中是独一无二的，不过，对于土卫一与土卫三、土卫二与土卫四来说，应该也存在相似的交互作用。

构成土星光环与卫星的物质之间的相互吸引还有一个更加引人关注的特点，除了最外面的两颗卫星外，这些物体全部都在同一平面内。如果没有阻碍的话，太阳的引力在几千年后会将这些物体的轨道分散到不同的轨道上，却与土星轨道平面仍保持相同的倾斜度。但是由于它们相互间的引力，这些轨道平面都保持在一起，仿佛都紧紧依附着土星一样。另外需要注意的是，最外层卫星绕着土星公转的方向是自东向西转，和木星最外层的两颗卫星相同。

天王星及其卫星

按距离太阳的远近算，天王星在大行星中位列第七。我们通常认为，只有通过望远镜才能观测到天王星，但事实上，一个目光敏锐的人无须借助任何工具就能看见天王星，只要他能够准确地知道天王星在什么地方，以便不被其他恒星混淆和干扰。

1781 年，威廉 · 赫歇尔发现了天王星。一开始，他认为这只是一颗彗星的核，但仔细研究了它的运行轨迹后，他明白事实并非如此，很快他就高兴地确认自己为太阳系添加了一个新成员。威廉 · 赫歇尔为了感谢他的皇家赞助人英王乔治三世（George Ⅲ），提议把这颗行星命名为 Georgian Sidus，英国和天文学界使用这个名字长达 70 年。但是，欧洲的许多天文学家提出，按惯例以发现者的名字命名更合适，因此又常常将这颗行星称为“赫歇尔”。“天王星”这个名字最开始由波德提出，一直在德国使用，1850 年之后为大众认可，成为通用名称。

当观测这颗行星的运行轨道时，人们开始追溯它从前所经过的路程，大家才知道约在 100 多年前，它就已经被观测并记录下来了，就像前几年一样。在 1690 至 1715 年间，英国的弗兰斯蒂德（Flamsteed）在为恒星编制目录表时，曾将天王星视为恒星，并记录了 5 次。更让人惊奇的是，巴黎天文台的勒莫尼耶（Lemonnier）在1768年12月及1769年1月的两个月中，对它进行了8次记录。不过，勒莫尼耶从来没有注意到自己的这个观测，直到赫歇尔宣布发现了新行星时，他才知道这一项至高荣誉在自己手中握了10年，自己却与之擦身而过。

天王星绕太阳公转一周的时间大约是84年，因此，在一年之内它在天空的位置并没有改变多少。天王星到地球的距离大约是土星到地球距离的两倍。在天文学领域，这个距离是19.2天文单位[1]，如果转换成我们熟悉的计算长度，则是287,100万千米。因为天王星与地球的距离遥远，所以我们很难准确观测它的表面特征。通过使用大型望远镜观测，我们只能看到它是一个带有淡绿色的灰白圆面。

大多数行星的自转轴几乎与黄道面垂直，但天王星的自转轴却几乎与黄道面平行。与其他气态行星相似，天王星也有光环，这些光环如木星的光环那样暗弱，但又像土星的光环一样，是由约10米直径大小的物质和更加细微的尘土组成的。在所有大行星中，天王星的光环是第二个被发现的，这一发现有着十分重要的意义，它令我们了解了光环是行星的普遍特征，而非土星所特有。

天王星的卫星

目前，已经发现的围绕天王星旋转的卫星共有27颗，其中比较明显的四颗可以用普通的天文望远镜观测到。按照距离天王星由近

1 天文单位是天文学中计量天体之间距离的单位，数值取地球与太阳之间的平均距离。——编译者注

到远的次序，这四颗卫星的名字分别是：阿里尔（Ariel）、昂布里特（Umbriel）、提坦亚（Titania）、奥伯伦（Oberon）。这些卫星与天王星的距离，从 30.9 万千米到 94.3 万千米不等。

这些卫星都有着特别的历史。除了两颗较明亮的卫星外，赫歇尔在 1800 年前认为他不止一次瞥见了另外四颗，因此 50 多年前，人们一度确信天王星有六颗卫星，因为赫歇尔使用的是当时最优质的望远镜。

1845 年，英国的拉塞尔（Lassell）着手制造反射望远镜，制造了两架巨大的望远镜，一架口径为 61 厘米，另一架口径为 122 厘米。为了能在地中海晴朗的天空下进行观测，拉塞尔把较大的一架运到了马耳他岛（Malta）上。在那里，拉塞尔和他的助手对天王星进行了很仔细的观测，最终判定赫歇尔假定的另外几颗卫星是不存在的。另一方面，他们也观测到了两颗新的卫星，与天王星的距离非常近，这是在以前的观测中未曾发现的。在随后的 20 年间，即便用当时欧洲最好的望远镜能再找到这两颗新发现的卫星，一些天文学家仍然对 2 颗卫星的存在表示怀疑。但是 1873 年冬季，刚刚建成的华盛顿海军天文台用口径 66 厘米的望远镜再次发现了这两颗卫星，二者的运动轨迹和拉塞尔的观测结果一致。

两颗卫星最引人注目的特点，就是它们的运动轨道几乎与天王星的运行轨道相互垂直。这种情况导致天王星的轨道上有两个相对的点，当天王星在这两个点上时看到的是卫星轨道的侧面。当天王星靠近其中一点时，我们站在地球上可以观测到那些卫星仿佛自南而北又自上而下地在行星两端跳跃，如同钟摆的摆锤一样。接下来，天王星逐渐向前运动，轨道也慢慢随之展开。20 年后，我们可以观测到的卫星运动轨道和天王星的运行轨道又是垂直的了。那时候，它们的轨道看起来几乎变成了圆形，随着行星的向前运动，会渐渐收缩成一条直线。

海王星及其卫星

按目前所知的行星离太阳由近到远的顺序，海王星是太阳系中最外面的行星，在天王星之后。海王星与天王星在大小和质量方面都很相似，但海王星距离太阳更远，为 30 天文单位，远远超过了天王星的 19.2 天文单位，这也使海王星比天王星更暗弱，更难以被观测到。尽管用肉眼是绝对无法观测到海王星的，但只要观测者能够从天空中密布的众多亮度相似的恒星中分辨出海王星，就可以通过一架中型望远镜观测到它。

观测海王星的圆面，需要用到最好的大型望远镜才能看得更清楚。海王星看起来呈蓝色或者铅灰色，明显有别于天王星的海绿色。因为还不能观测到海王星圆面上有什么东西，所以直接观测也看不出它绕着主轴的自转情况。通过分光仪的观测，海王星自转一周的时间大约是 15.8 小时。

1846 年，海王星的发现是数学界和物理学界举世瞩目的伟大事件之一。海王星对天王星施加的引力向人们证明了它的存在，但当时并没有任何其他证据。这个发现还有一段奇特的历史，我们需要简单叙述一下。

海王星的发现史

19 世纪初期，巴黎著名的数理天文学家布瓦尔（Bouvard）计划绘制木星、土星、天王星（当时以为是最外层的大行星）的运行图。他根据拉普拉斯（Laplacian）的算法得知，这三颗行星由于相互间的引力作用，运行轨道产生了一定的误差。他绘制出来的图与观测到的木星和土星的运动完全符合，但多次努力始终无法与观测到的天王星位置相符。如果他只参考赫歇尔的观测结果，还勉强符合，但却与费兰斯蒂德和勒莫尼耶早前的观测结果完全不符，天王星在这两位学者的时代被认定为恒星。因此布瓦尔摒弃了以前那些观测的旧结果，将轨道按照新的观测做好排列之后，向公众发布了自己绘制的运行图。不过，人们很快就发现天王星开始移动并再次逃离了预测的轨道。因此，天文学家都惊奇地认为这里面必有故事，并开始思索其中的缘由。

这种情况一直延续到 1845 年，巴黎一位年轻的数理天文学家勒维耶因一个偶发的灵感推测，产生的误差可能是由于天王星受到一颗未知行星的吸引造成的。于是，他开始着手计算影响天王星的这颗未知行星，推测这颗行星会沿什么样的轨道运行，才会导致天王星产生轨道误差。1846 年的夏天，他把自己计算得到的结果上交到了法国科学院。

在勒维耶开始他的计算工作之前，英国剑桥大学有一个叫亚当斯（Adams）的学生也产生了类似想法，并且进行了相似的工作。亚当斯将计算结果提交给英国天文学会的时间早于勒维耶，他们都计算出了未知行星所在的位置，因此如果要将这颗行星从众多恒星中分辨出来，只需要在特定的区域寻找新行星就可以了。然而不幸的是，当时天文学会的艾里（Airy）对这件事持怀疑态度，并且认为耗费时间去寻找未知行星，成功的概率太低。等到勒维耶的预测结果出来后，艾里才重新重视这件事情，而这两份报告的计算结果非常相似，这一点得到了广泛关注。

寻找新行星的任务从这个时候已经开始，剑桥大学的查利斯（Challis）对那一区域进行了仔细观测。我需要对此做特别说明，在没有计算机，没有光谱分析仪，没有优良的摄像设备的年代，通过简陋的工具在遍布天空的众多恒星的包围中辨别一颗微小的行星绝非易事，首先要无数次确定尽可能多的星星的位置，然后认真观察，才能确定其中一颗星星的位置是否发生了变化。

查利斯正在进行这项工作时，勒维耶给柏林天文台的伽勒写了一封信，告诉了他自己推测出的未知行星在恒星中的位置。恰好那时候柏林天文学家刚刚绘制出一幅部分天空的星图，这颗行星就在这幅图所描绘的天空中。因此，收到勒维耶的来信后，天文学家开始用望远镜观察星图，想确定通过望远镜是否能够观测到无法直接在星图中看见的天体。让人欣喜的是，天文学家很快就发现了这个天体，将它的位置与周围的恒星进行对比后，发现它在缓慢地移动。不过，伽勒本着严谨的科学态度，想在第二天晚上再次观测以证实自己的发现是否正确。第二天晚上，伽勒发现那颗星星又移动了一些，至此不再有任何疑问。于是，伽勒给勒维耶回信，确认了这颗新行星存在的事实。

这则新闻传到英国后，查利斯对照检查了自己的观测，才发现这颗行星曾经两次出现在他的观测视野中，但遗憾的是，他并没有对自己的观测结果进行对比研究，因而在柏林传出消息后，才知道自己错失良机。勒维耶和亚当斯被天文学术界授予发现海王星的荣誉。

海王星的卫星

全世界的天文学家都把注意力投入对这颗新发现的行星的观测中。不久之后，威廉·拉塞尔（William Lassell）发现海王星的一颗卫星，卫星的直径大约是2700千米。

这颗卫星与海王星之间的距离大约是35.5万千米，几乎等于月球到地球的距离，但是它绕海王星公转一周的时间仅仅是5天21小时，这表明海王星的质量比地球的质量大17倍。

这颗卫星从东向西转动，运动轨道近似于圆形，与海王星轨道之间的倾斜角是20°。在约600年内，这颗卫星轨道的倾斜角不会发生变化，但会向着东方移动一周。这种退行是由海王星赤道部分隆起造成的。我们借助退行速度能够计算出海王星赤道部分隆起的大小，但这个量非常小，通过望远镜观测海王星的圆面是无法发现的。

海王星也有光环，但与天王星和木星相似，它的光环非常暗弱。尽管人们还不清楚它的组成结构，但为了便于记忆，人们为海王星的光环进行了命名。最外层的光环叫亚当斯，它由三段明显的圆弧组成，这三段圆弧的名字分别是自由（Liberty）、平等（Equality）和互助（Fraternity），再就是没有名字的包含着伽拉忒亚卫星（即海卫六，Galatea）的圆弧，然后是勒维耶（Leverrier）的圆弧，最后是内层非常暗淡但十分宽阔的伽勒（Galle）。

曾经的大行星冥王星[1]

尽管在数学和物理学的帮助下，天文学家们发现了海王星，但天王星不怎么规律的运动令海王星的引力无法让天王星沿着它现有的轨道运行，受其影响，海王星的运动也没有规律。

虽然通过理论计算出来的轨道与实际观测到的轨道之间存在的差异已经非常小，以致许多天文学家认为不会再存在未知行星。如果真的存在未知行星，那么寻找和观测到它将是一件十分困难的事情。这是因为，一来未知行星的引力造成天王星和海王星的运动误差太小，二来新行星在望远镜中一定是模糊不清、暗淡不明的小天体。

亚利桑那州弗拉格斯塔夫洛厄尔天文台的创建人洛厄尔一直试图找到这个问题的答案，他计算出了可能存在未知行星的运行轨道，然后和天文台的其他天文学家一起，通过望远镜来寻找可能存在的神秘

1 原标题名为“冥王星”。——编译者注

行星。他们使用的是拍照的方法，首先将一片存在位置信息的天空拍摄下来，几天之后，再在同一区域拍摄一些照片，然后与之前拍摄的照片进行认真对比，观察是否存在改变了位置的天体。假如出现了位置发生变化的天体，就说明这是行星而不是恒星，而且极有可能就是正在寻找的未知行星。

遗憾的是，洛厄尔于 1916 年逝世。虽然对新行星的观测研究还处于未知阶段，但天文学家们始终没有放弃搜索的工作。在此过程中，尽管也曾有过许多次胜利的欢呼，不过都被一次次失望取代，因为观测者在观测中多次误将运行在火星和木星之间的许多小行星看作那颗神秘的行星。观测者们在搜索过程中不止一次发现，拍摄的照片中存在许多移动的天体，但后来都被一一证实是小行星而不是他们想要寻找的行星。直到 1930 年 1 月，天文学家再次从拍摄的照片中发现了一颗移动的天体，它的移动速度很慢，据此推测，它到太阳的距离应该比海王星还远。这个在双子座附近出现的神秘天体会不会是天文学家在寻找的行星，又或者是让天文学家白白高兴一场的其他小行星呢？这个问题的答案仍然只能依靠时间来给出。于是，在接下来的一段时间内，许多人开始关注这个远在千万里之外的天体，发现它的运行速度始终没有加快！新行星诞生了！ 1930 年 3 月 11 日，克莱德 · 汤博（Clyde Tombaugh）宣布发现了新行星。

在接下来的工作中，天文学家们开始在以往拍摄到的照片中寻找更多关于新行星的信息。他们找到了许多照片，时间甚至可以追溯到 1919 年。这些有价值的发现为计算行星的运动轨道提供了有利条件：新行星绕太阳公转一周的时间，大约是 249 年；它与太阳之间的平均距离是地球到太阳距离的 39.6 倍。

这颗新行星通常出现在海王星的外面，它们之间的平均距离是 14 亿千米。不过新行星的运行轨道是一个扁平的椭圆，曲率比其他大行星的都要大，而且与海王星的运行轨道相交。那么，新的问题出现了：这两颗行星会不会撞在一起？通过计算，可以得出新行星的轨道倾斜得非常厉害，尽管有时候它到太阳的距离比海王星还近，但新行星与海王星之间的最小距离是 3.66 亿千米，所以绝对不会相撞。

新行星被命名为“冥王星”（Pluto），这个名字有两层含义：第一，这个名字前两个字母 PL 是珀西瓦尔 · 洛厄尔（Percival Lowell）的姓名缩写，洛厄尔创建了亚利桑那州弗拉格斯塔夫的洛厄尔天文台，而这颗行星就是在那里被发现的；第二，命名的人认为冥王是更外层的黑暗世界的主宰，原来指的是阴曹地府的王，但那里并不一定十分黑暗。或者另外一位天文学家提出命名为“海后星”的建议更加合适，寓意海王的妻子。“冥王”这个名字也许可以留给更加遥远的行星，但命名仅是小事一件，对现实并没有什么改变。

不过，冥王星的整体情况是怎样的呢？在观测中发现，冥王星的大小和质量类似于地球，而不像相邻的那些巨大行星，只有通过大型望远镜才能够观测到它。它是一个黄色球体，同时也是人类的太空飞行器还没有拜访过的行星（2006 年 1 月 19 日，美国国家航空航天局的空间探测器“新视野号”发射升空，主要任务是探索冥王星和柯伊伯带，并已经于 2015 年 7 月 14 日飞掠冥王星）。我们现在还不清楚冥王星的表面情况及其大气详情，冥王星的结构可能与海卫一相似，由 70% 的岩石和 30% 的冰水混合而成，地表面的光亮部分覆盖着一些固体，带有少量固体甲烷、一氧化碳等物质，大气的主要成分是氮、一氧化碳、甲烷等。有一点毋庸置疑，那就是冥王星上的温度非常低，生物难以生存。如果我们站在冥王星上，太阳看起来只是一个大光点，光度是满月时的300多倍，显然那里不会是生物快乐繁衍和生活的地方。

现在，我们再来看一下与冥王星相关的最有趣的部分。通过照片发现新行星之后，天文学家开始计算它的运行轨道和体积大小，结果表明，冥王星非常小。那么它的存在是否会如洛厄尔猜想的那样，对天王星的运动造成影响呢？普通人只能猜测，但准确的计算结果会给我们一个明确的答案。这项工作的负责人是耶鲁大学的布朗教授，他是这方面的权威专家，他的研究给出了确定答案。他发现冥王星带给天王星的影响非常小，小到无法通过洛厄尔提出的由它对天王星的影响而推断出它的存在。这样一来，洛厄尔的计算就只有理论意义而没有实际功能了。洛厄尔的最大功劳是用自己的财产创建了一座天文台，这座天文台的贡献是对普通天体进行摄影研究，还为寻找新行星刻意拍摄了许多照片。在洛厄尔逝世之后，天文学家才发现了冥王星。

尽管冥王星的发现过程看起来像是一个传奇故事，但冥王星仅保持了70余年大行星的地位。2006年8月24日，天文学家们在第26届国际天文学联合会上，经过投票推翻了冥王星是大行星的结论。这样一来，太阳系中的九大行星变成了八大行星。不过，即便人们否认了冥王星的大行星地位，它的运行轨道和运行方式却是无法否认的。

太阳系的比例尺

测量天上距离的方法，类似于工程师测量难以到达的高度（比如山峰）的方法：选取能够实际测量的A点和B点作为基准，然后去测量无法到达的C点。首先，测量出A点的角度，然后测量出B点的角度，因为三角形的内角和是180°，所以减去A点和B点的角度之和，得出的就是C点的角度。我们发现，C角是与基线相对应的，正是站在C点的观测者所看见的A、B两点的夹角，这个夹角被称为“视差”（parallax），这就是从A点看C点与从B点看C点在方向上的差距。只要是对初等几何有所了解的人，都知道利用三角形知识很容易计算出C点（我们想要测量的遥远天体）相对A、B两点（地球上两个位置已知的点）的距离。

我们将这种测量方法进行仔细而深入的研究后会发现，对于基线AB而言，随着物体距离的拉大，视角会变得越来越小，到了一定的距离之外，视差将会变得小到难以用肉眼观察。假如需要测量离我们很远的天体，即使将测量基准定义为赤道直径，依然发现BC线和AC线的方向看起来基本相同。通过视差方法测量距离有两点需要注意：第一，基线的长度；第二，测量角度的准确程度。

在所有天体中，月球到地球的距离是最近的，因此视差也最大。如果我们将地球赤道半径作为基线，那么角度差不多是1°，所以对月球距离的测量会相当准确。在公元二三世纪时，托勒密就已经使用这种方法测量出了基本准确的月球到地球的距离。不过，如果想要测量太阳或者行星的视差，还是需要依靠精密的仪器。

在测量时，我们可以选择地球上的任意两点作为基线的两端，如格林尼治和好望角这两个地方的天文台。正如我们在前文说过的，当金星凌日发生时，地球上各个地方的天文观测机构都发布了金星凌日的出现时间和完成时间相对于它们所在位置的方向，借助这些数据就能够测量出金星或者太阳的准确距离，人们将通过视差测量距离的方法称为“三角测量法”（triangulation）。

为了测量出太阳系的大小，我们只要知道某个时刻任意一颗行星相对于我们的距离。尽管在历代天文学家的共同努力下，人们已经用图画将所有行星的运行轨道和运动状况描绘出来了，这是一幅相当准确的图画，类似于某个国家的地图，但上面缺少比例尺，因此图中两点之间的距离究竟是多少，人们并不知道。除非有了比例尺，天文学家所需要的就是这种能表示太阳系图的比例尺。

地球与太阳之间的平均距离是天文学家首先需要知道的基本单位，当然这段距离的测量方法有好几种，绝对不是只有测量视差这一种方法。在各种方法中，有些测量方法和测量视差方法的精确度相似，而这些测量方法的精确度会更高。

利用光的运动进行量度

借助于光速是所有的测量方法中最简单的一个。当地球处于公转轨道中的不同位置时，通过观测木星卫星蚀可以得知，光走过与地球和太阳之间的相等距离需要的时间大约是500秒。这种测量的另外一种方法是借助于行星的光行差。简单说就是，因为地球和光线的联合运动而导致的行星方向的细微变化，所以得出光从太阳到达地球需要的时间是498.6秒。大家都知道光的传播速度，光速乘以498.6得出的结果就是地球与太阳的距离。根据最新的数据得知，光的传播速度是299792.458千米/秒，这个数字乘以498.6的结果大约是14950万千米，也就是地球和太阳之间的距离。

其他测量方法

太阳系比例尺的第三种测定方法，是借助于太阳施加给月球的引力的量度。这种引力的一个表现是当月球绕着地球公转时，上弦期大概是平均位置后2分钟左右，望月期会慢慢赶上并超过，下弦期在平均位置前2分钟左右，等到朔月期再次落后于平均位置。这样一来，便存在一种荡动与月球绕着地球的运动相协调，而荡动的量与太阳距离成反比关系，因此只要测量出这个量，就可以知道地球与太阳的距离。

第四种测量方法依然要借助引力，只要我们能够确定太阳质量和地球质量之间的关系就可以了。换言之，如果我们能够测量出太阳质量是地球质量的多少倍，就能推算出地球到太阳的距离是多少才能满足地球每年绕着太阳公转一周这个条件。

测量太阳距离的结果

通过上述各种方法，我们确定了太阳的“地心视差”（geocentric parallax），即通过地球中心和赤道一点看见的太阳中心，在日出时刻和日落时刻的方向变化。结果是8.8秒强。这个视差太小了，甚至肉眼无法直接看出来，但借助望远镜能够观察到。因此从太阳上观察地球，肉眼看见的是一个小光点，但通过望远镜看见的就是一个小圆盘。

当我们确定了太阳视差和赤道部分的地球半径之后，想要计算出太阳的平均距离就是一件十分简单的事情了，这一距离最可靠的数值大约是14960万千米。

如果用长度单位“千米”来表示地球和太阳之间的距离，数值会非常大，当然，这一距离实际上也不小。但如果用光速或者无线电传播速度来表示，就仅仅是8分钟多一点点，而地球和最近的恒星之间的距离要大于4光年。观测者站在最近的恒星上看见的太阳只是一颗星星，即便通过大型望远镜也无法看见地球。就算能够看见，还是要用最好的望远镜才能将太阳和地球分开。在我们看来，它们之间有着遥远的距离，但在恒星上观察，它们之间的夹角不足1角秒。

地球与太阳之间的平均距离就是我们曾提到的“天文单位”（astronomical unit），它就成了太阳系图的比例尺，我们可以以此测量其他行星的距离。此外，它还可以作为测量太阳系之外的恒星与其他天体之间的距离的基线。正是这个原因，天文学家曾经通过各种方法试图将这个距离测量得非常准确。

引力和行星的称量

我们已经对一些行星绕着太阳公转的基本情况有所了解，不过行星运动的基本定律不是遵从轨道运行，它们的运动只是受到了万有引力的影响。根据牛顿的引力定律理论可知：宇宙中的每个质点都会受到其他质点的吸引，它们之间的吸引力和距离的平方是反比关系。爱因斯坦将这个定理进行了拓展，把质量和能量结合起来，也就是说，能量也有引力效应（通过著名的公式 $E=mc^2$，可以将能量转为质量，然后计算出引力的大小）。到现在为止，人们加在物质上的任何作用都无法改变物质的引力。两个物体相互吸引的力一样大，无论它们之间存在什么障碍，或者它们之间有着多么遥远的距离，又或者它们的运动速度有多快，它们之间的引力始终是相等的。

行星之间的引力决定着它们的运动，就算只有一颗行星绕着太阳运行，它也会一直转动下去，因为太阳的引力会一直影响着它。通过数学计算可以知道，这颗行星的运行轨道是椭圆形的，太阳位于其中的一个焦点上，这颗行星会始终沿着椭圆轨道运行——开普勒在 17 世纪时首先观察到了这个现象（其实用的是第谷的观测资料），很久之后，牛顿通过自己的万有引力定律证实了这种情况。同理，根据定律可知，这些行星相互吸引。与太阳强大的引力相比，行星之间的引力太小了，因为太阳系中的行星质量远远小于太阳的质量，这些相互吸引导致行星慢慢偏离原来的椭圆轨道。这颗行星的运行轨道看起来像椭圆形，但不是真正的椭圆形。此外，这颗行星的运动与数学紧密相关。从牛顿时期开始，世界各地著名的数学家就对这个问题倍加关注，每一代都在研究并修补上一代的不足之处。100 年之后，拉普拉斯和拉格朗日（Lagrange）进一步解释了行星椭圆轨道的位置变动情况。在几千年或者几万年，甚至是几十万年前就能预测出这些变动情况。因此，我们明白地球绕着太阳运行轨道的偏心率逐渐在缩小，这种变化大约会持续 4 万年的时间；此后，偏心率会逐渐增大，而在几万年之后会比现在更大。其他行星也有相同的情况，在数万年的时间中，它们的轨道形状也在往复变化。如果不是数理学家们以前的预言被一一证实，读者可能会怀疑千万年后的预言是否正确。这种准确性来源于精确地测量出每颗行星对其他行星的运动造成的影响。在我们预言这些天体的运动之前，假设它们绕着太阳公转的椭圆轨道是固定不变的，就是排除其他行星的引力之后的情况。这样一来，我们的预言会常常出现偏差，偏差程度大约是几分之一度，经过长时间后，偏差可能还会增大。

不过如果加上其他行星的引力，预言的准确性将会变得非常高，即使现在最精密的天文观测，也难以察觉其中的误差。我们在前文讲述的海王星的发现史，就是证明这种预言可靠性的最佳实例。

怎样称量行星

现在，我想跟读者描述一下数理天文学家们是怎样得出上述结果的。首先，他们需要知道某颗行星对其他行星的吸引力，与该行星的质量是正比的关系。因此，我们可以这样认为，当天文学家们想知道行星的质量时，他们需要称量一下行星。做这件事的原理类似于屠夫使用弹簧秤称量牛腿的原理。屠夫将牛腿提起来时，他会感受到地球对牛腿的拉力；当他把牛腿挂到秤钩上时，这个拉力转移到了称的弹簧上，拉力越大，弹簧的拉伸程度就越大，而标尺上的读数正是这个拉力的大小。大家知道这个拉力只是地球对牛腿的引力，但根据力的定律可知，牛腿对地球的引力等于地球对牛腿的吸引力。因此，屠夫只是去发现牛腿对地球的吸引力有多强，并且将这个吸引力称为牛腿的重量。根据这个原理，天文学家们可以通过一个物体对其他物体的吸引力，确定该物体的重量。

当我们把这个原理引申到天体中时，马上会面临一个难以解决的难题：我们不可能跑到天体上称量它们的重量，那么要怎样才能称量出天体的吸引力呢？在回答这个问题之前，我需要向读者解释物体的“质量”和“重量”的差异。物体的重量会因为所在地方的不同而不同，例如一个物体在纽约称的重量是 15 千克，但在格陵兰的秤上重量却是 15.03 千克，而在赤道地区重量又是 14.97 千克。之所以会出现这样的差异，是因为地球并不是一个球体，而是有一些扁，并且它一直在旋转，因此随着地域的变化，物体重量也会有所不同。如果将地球上重 15 千克的牛腿带到月球上去，它的重量就仅有 2.5 千克，因为月球引力比地球引力小得多。不过，无论是在地球上还是在月球上，始终都是同一块肉，它的多少没有发生变化。如果将这个牛腿带到火星上，重量又会发生变化；再到太阳上，又会是另一个重量（大约是 400 千克）。由于随着称量地方的变化，重量会有所不同，因此天文学家们不会说一颗行星的重量是多少，只会说一颗行星的质量是多少。质量指的是构成行星的"物质的量"，无论在什么地方，质量都不会发生变化。

现在继续讨论行星。我们在前面说过，通过一个天体对另一个天体的引力，能够测量出该天体的质量。有两种方法可以测量出行星之间的引力，其中一种是测量出一颗行星施加在临近行星上的吸引力，即让它偏离独行时原有轨道的引力。测量出误差之后，便可以知道吸引力，然后计算出行星的质量。

需要提醒读者注意的是，在计算过程中，所使用的数学计算非常精确而且十分复杂。对于有卫星的行星来说，可以用更简单的方法得出结果，因为通过卫星的运动能够求出行星的吸引力。通过牛顿第一定律可以得知，在不被任何外力影响的情况下，一个运动物体会始终沿着直线做匀速运动。因此，假如有一个物体正在沿着曲线运动，我们知道一定有其他的力作用在这个物体上，而力的方向与曲线曲向的方向相同。有一个很好的例子——扔石头——可以很好地说明，如果地球没有吸引着石头，石头会始终沿着扔出去的路线运动，直到离开地球。不过，由于地球的吸引力，石头会一边前进，一边向下运动，直到落到地面上。石头扔出去时的速度越大，它走过的路程就越远。再以子弹为例，一颗子弹前半部分的路线类似于直线。我们如果在高山顶上水平地发射一枚炮弹，炮弹的速度是每秒 8 千米，如果它不被空气的阻力影响，那么走过的路线曲度就与地球表面相吻合。所以，这枚炮弹永远不会落在地面上，而是会绕着地球旋转，就像沿着轨道运行的小卫星一样。如果真是这样，天文学家只需要知道炮弹的速度，便可以计算出地球的吸引力。月球是地球的卫星，它绕着地球的运动如同那枚炮弹。一位在火星上的观测者可以通过测量月球轨道得出地球的吸引力，就像我们通过落在地球上的物体测量地球的吸引力一样（卫星的运行状况其实与主星的质量有关，但与自身的质量无关。推演过程大致如下：向心力大约等于引力，即 $mv^2=GMm/r^2$，这里的 M 和 m 分别表示主星的质量和卫星的质量，v 表示卫星绕着轴心的公转速度，r 表示卫星的公转轨道半径，因此，$v^2=GM/r$，与卫星本身的质量 m 无关）。

于是，对于像火星或木星这样拥有卫星的行星来说，地球上的观测者可以通过行星对卫星的吸引力，计算出该行星的质量。这种计算方法简单易懂，用行星和卫星之间的距离的立方除以卫星公转周期的平方，得出的商和行星的质量具有比例关系。这条规则可以用于绕着地球运行的月球运动和绕着太阳运行的行星运动——实际上，该规则进行拓展之后，甚至可以用于宏观世界中任何以引力导致的圆周运动。我们知道地球与太阳之间的距离大约是 1.5 亿千米，这个数的立方除以地球公转一周的平均时间 365.25 日的平方，将会得到一个商。我们将这个商称为太阳商数。如果我们用月球到地球距离的立方，除以月球公转周期的平方，将会得到另一个商，我们将这个商称为地球商数。通过计算得知，太阳商数大约是地球商数的 33 万倍，我们由此可以得出结论，太阳质量也是地球质量的 33 万倍，即 33 万个地球才能抵得上一个太阳。

我所说的算法是为了解释这个原理，但天文学家们的工作绝对没有这么简单。因为地球与月球之间的距离不是恒定不变的，而是会在太阳的引力下不断变化，所以我们一般说的是平均距离。因此天文学家们测量地球引力的方法，是当钟摆的周期是 1 秒时，测量在不同的纬度上的钟摆长度，然后通过精密的数学方法，计算出与地球有一定距离的小卫星的公转周期，最后得出地球商数。

我们在前文说过，需要借助于卫星求出其他行星的商数。幸运的是，与太阳对月亮的引力相比，其他卫星受到的引力就小多了。根据火星的外层卫星，我们计算出火星商数是太阳商数的 1/3085000，因此火星质量也是太阳质量的 1/3085000；此外，木星质量是太阳质量的 1/1047，土星质量是太阳质量的 1/3500，天王星质量是太阳质量的 1/22700，海王星质量是太阳质量的 1/19400。

万有引力定律是天文学家的工作基础，但这只是他们解决这个问题的基本原则，经过 300 多年的数学推演，这个定律才变成现在的样子。与 100 多年前的科学家相比，现代科学家其实很幸运，因为他们拥有计算机这个强大的计算工具。计算机技术的发展让科学家们的工作越来越方便，他们首先制定一些规则，然后再将使用规则观测到的精密数据输入到计算机中，计算机就会根据预先输入的程序进行计算，大大降低了人工计算量。不过，伟大的发现依然要依靠科学家们的准确预测和辛苦工作。

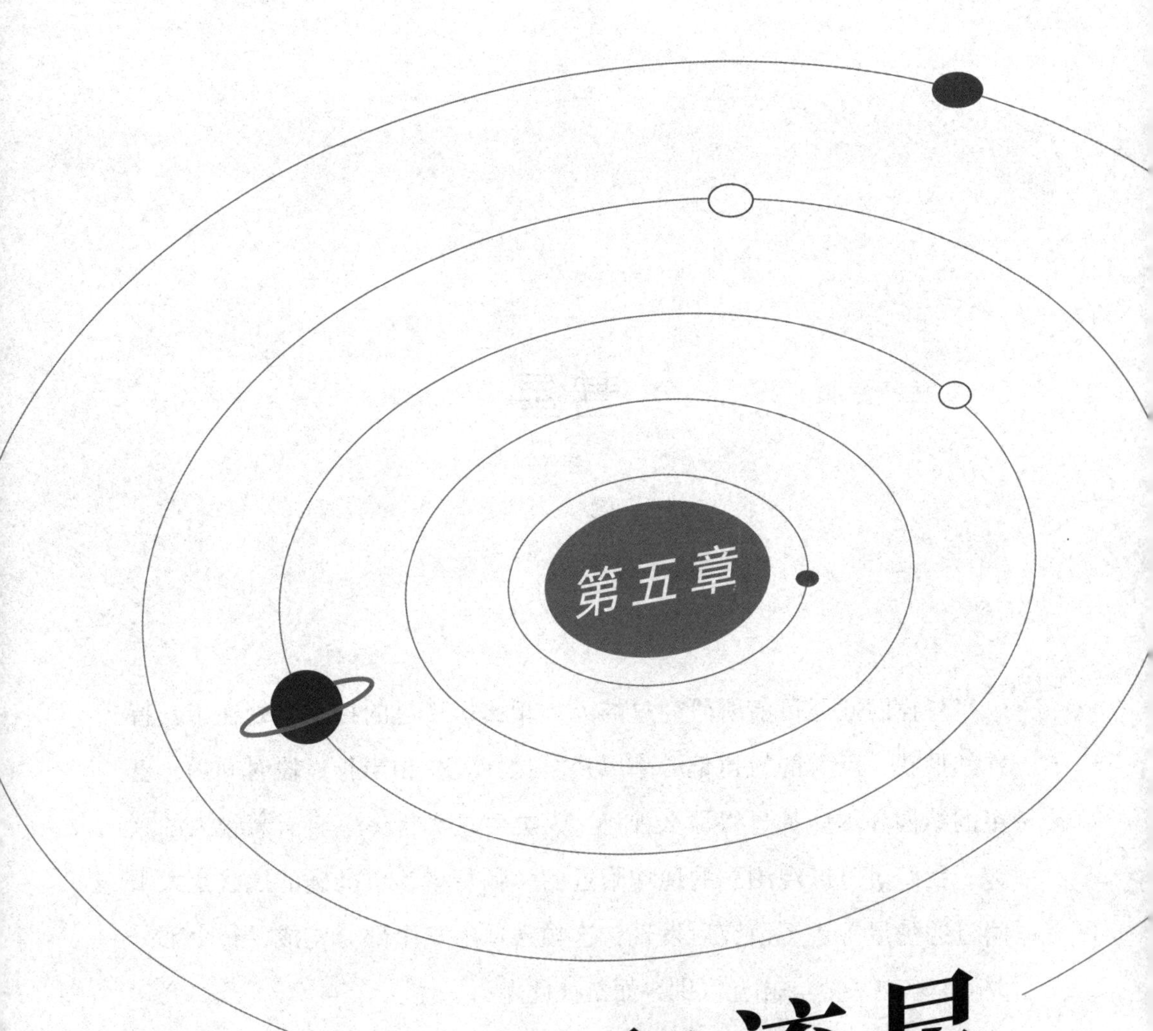

第五章

彗星和流星

彗星

与我们截至目前所研究过的天体相比，彗星的特别之处在于其特殊的形状、巨大的轨道偏心率以及罕见性。在相当长一段时间内，彗星的结构和本质都显得那么神秘，人类对这类天体一直有着很大的兴趣。我们对可以观测到的地球附近的一颗彗星（更准确的说法是太阳附近的彗星）进行研究后发现，这颗彗星由三个部分构成，每个部分并不是各自独立、相互区别，而是彼此融为一体。

首先，我们肉眼看见的是一个星状物，这是彗星的核，又叫“彗核”（cometary nucleus）。

然后，包裹核的是一片模糊的云状物，像雾一样一直延伸到边缘，因而我们无法看清它的边界，这片云状物被称为“彗发”（coma）。“彗核”与“彗发”结合起来构成彗星的头部，看起来就好像是透过云雾闪烁的星光。

最后是从彗星延伸出来的尾部，长短不一，各种各样。小彗星的尾巴短到几乎看不见，而大彗星的尾巴在天空中延伸，能占据很大面积。彗星尾部与头部相连的地方较窄而且明亮，逐渐远离头部后会变得较宽，也会越来越分散，因此它看起来总是类似于扇形。到最末，彗尾（cometary tail）变得模糊不清，与天空连成一片，肉眼难以追踪，也就看不清楚它到底消失在了什么地方。

彗星的亮度差异非常大，虽然明亮的彗星拥有耀眼的光芒，但大部分彗星是无法凭肉眼看见的。有时候，我们看到彗星却看不见它的尾部，当然，这是极其微弱的彗星才会出现的情况。有时候，我们几乎看不见彗星的核，只能看见一小片彗发，像一片稀薄的云彩，但中间会略亮一些。

历史记录显示，100 年中能够以肉眼看见的彗星为 20 多颗，而通过望远镜对天空进行观察时，会发现彗星的数目比我们想象中的要多得多。目前，勤奋的观测者们每年都会发现一大批彗星。显然，这个数量的彗星在很大程度上都是偶然被发现的，但同时也取决于观测者搜索的技术。有时候，同一颗彗星会同时被多位观测者观察到。这时，在已知的一次彗星出现时，第一个将这颗彗星的准确位置上报给天文台的人，即被认为是这颗彗星的发现者。

尽管这样，彗星的命名仍然需要遵守一些规则，这是因为多数彗星的出现没有规律，随机性强，就算是周期彗星也都拥有很长的周期。彗星的名字通常使用发现者的名字进行命名，然后再将公历年份加在发现者的名字之前，最后根据这一年发现彗星的次序添加拉丁字母 a、b、c……不过，发现者也可以自己命名。

彗星的运行轨道

望远镜被发明之后，人们便发现彗星像行星一样是绕着太阳运行的。牛顿指出，彗星的运动类似于行星的运动，同样受到太阳引力的支配。这两者最大的区别是，行星的轨道近似于圆形，而彗星的轨道狭长，以至于很多情况下难以确定彗星轨道的远日点位置。想必，许多读者希望准确地知道彗星轨道的基本情况以及对其产生制约的法则，下面我们就来一一解释。

牛顿说，物体只要受到太阳引力，就会沿着圆锥曲线运动。公元前 4 世纪，希腊数学家密勒克姆首先提出了圆锥曲线的概念，当平面与圆锥相交时可能会产生三条曲线，这时候，如果移动的平面与圆锥的任意母线都不平行，那么所得的截线是椭圆；如果移动的平面与圆锥的一条母线平行，那么所得的截线就是抛物线；如果移动的平面与圆锥的轴平行，那么所得的截线是双曲线的一个分支（把圆锥面换成相应的二次锥面时，则可得到双曲线）。由此，我们也就知道，圆锥曲线分为椭圆、抛物线和双曲线三种，第一种是人们都很熟悉的、首尾相连的曲线，而后两种都有两个分支，可以向远方无限延伸。抛物线的两个分支在很远的地方几乎会向同一个方向伸展，但双曲线的这两个分支则永远是分开的。

当理解了这些曲线，我们就可以进行一个思维实验，假设现在地球把我们留在了其绕着太阳公转轨道的某个点上。为了打发在太空中的寂寞时光，我们模拟开枪来消磨时间，想象子弹也像小行星一样绕着太阳运行。所有发射出去的子弹，如果速度低于地球的公转速度，即小于每秒 29.8 千米，它们就会绕着太阳运行，而且运行轨道会比地球的公转轨道小，无论子弹朝着什么方向射出都是一样的；如果子弹的速度与地球的公转速度相同，它们的运行轨道等于地球的公转轨道，而且周期相同，所有子弹会用一年的时间绕着太阳运行一周，最后汇聚于出发点；如果子弹的速度比地球的公转速度快，即大于每秒 29.8 千米，它们的运行轨道要比地球的公转轨道大，随着速度的增大，公转周期也会变长。假如子弹的速度大于每秒 41.8 千米，它们便能摆脱太阳的引力，沿着双曲线的一端一去不复返。无论我们朝着哪个方向开枪，最终都会出现这种情况。因此，在太阳周围一定区域内有着一定的速度限制，当速度超过了这个限制时，彗星便会挣脱太阳的束缚，一去不回；如果无法超越这个限制，太阳的引力就能够把它拉回来。

与太阳的距离越近，这个速度的限制也会越大。速度的限制与到太阳距离的平方根是反比关系，所以，如果到太阳的距离是原来的四倍，那么速度限制只有原来的一半。空间中任意一点的速度限制都能很容易地计算出来。在行星沿着轨道运行时，经过这一点的速度乘以 2 的平方根 1.414 即可。

因此，假如天文学家能通过观测得出一颗彗星经过运行轨道中的某个已知点的速度，就可以推算出这颗彗星飞离太阳的距离以及它的回归周期。通过分析这颗彗星在可见期内观测到的数据，天文学家就能得出关于这个问题的更准确答案。

实际上，我们发现的所有彗星的运行速度都没有超过上述限制。需要注意的是，在观测时，有些彗星的速度稍微大于太阳引力所允许的最大速度，但超出的部分可能存在于误差范围内，有些彗星的速度非常接近限制速度，但无法弄清楚它比限制速度小还是大。因此，这些彗星的运行轨道会在太阳系的边缘地区，需要经过几百年、几千年，甚至是几万年才能回来。有些彗星的运行速度又远远小于限制速度，它们绕着太阳公转一周的时间比较短，所以叫作“周期彗星”（periodic comet）。

哈雷彗星

在所有的彗星中，第一个被发现依规则周期回归的彗星是天文学史上著名的哈雷彗星（Halley's comet）。这颗卫星于 1682 年 8 月出现，在一个月的时间内都可以被观测到。哈雷根据观测到的这颗彗星的数据，计算出了它的运行轨道。他发现，这颗彗星运行轨道的特征和开普勒在 1607 年观测到的那颗明亮彗星的运行轨道相同。

两颗彗星似乎恰好沿着同一个轨道运行是根本不可能的事情，于是，哈雷推断这颗彗星的运行轨道实际上是椭圆形的，运行周期大约是 76 年。如果事实真是如此的话，那么这颗彗星应该在过去的 76 年中出现过。

因此，哈雷根据这个周期向前追溯，想看看是否有关于这颗彗星的记录。1607 减去 76 是 1531，他发现 1531 年确实出现过一颗彗星，他认为这就是上文所说的那颗彗星。1531 再减去 76 就是 1456，1456 年果然也出现了一颗彗星，而且这颗彗星的出现曾经引发了整个基督教世界的恐慌，当时的教皇加里斯都三世（Callixtus III）下令祷告，一方面祈求这颗彗星不要给国家带来灾难，另一方面也祈求能打败进攻欧洲的土耳其人，“教皇下诏制彗星”的传说极有可能就是指这件事情。

哈雷还在更古老的历史中找到了这颗彗星可能出现的记载，但由于缺乏对这颗彗星更详尽的描述，哈雷也无法确定是否是这颗彗星。不过，根据1456年、1531年、1607年和1682年这四个年份的详细记录，哈雷有充足的理由推测这颗彗星在1758年还会出现在近日点附近。克莱罗（Clairaut）是当时法国最著名的数学家之一，他计算出了木星引力和土星引力对这颗彗星的运行轨道产生的影响。他发现这种引力的影响会推迟彗星的回归，也就是说，这颗彗星在1759年的春天才能回到近日点。后来这个预言被证实了，这颗彗星果然出现，并且在1759年3月12日经过近日点。

根据预测，哈雷彗星下一次回归出现在1835年11月，1910年4月是再下一次，这次哈雷彗星的景象非常壮观：4月20日，当哈雷彗星在近日点附近经过时，我们通过肉眼就能看见它的尾巴；5月初，它在黎明前夕的东天中呈现耀眼的光芒。彗星的尾巴经过近日点时的角度高达150°；5月19日，这颗彗星从太阳和地球之间穿过，两天后它的尾巴从地球上空掠过。由于当时它和地球之间的距离仅为2500万千米，所以有些人担心，被彗星尾巴笼罩的地球生物会死亡。事实上，彗星的尾巴非常稀薄，没有给地球带来任何不利影响。7月时，哈雷彗星已经离太阳很远了，即使通过望远镜也无法看见它。然而，它在天空中横扫而过时的景象，着实令当时的人们惊慌不安。1986年，当哈雷彗星再次回到近日点，人们又以肉眼领略了一次这颗彗星带来的奇观。哈雷彗星下一次经过近日点的时间大约是2061年。

消失不见的彗星

1770年6月，继哈雷宣布以他的名字命名彗星之后，法国天文学家莱克塞尔（Lexell）发现了一颗非常特殊的彗星。不久之后，就可以通过肉眼观测到这颗彗星了。这颗彗星的运行轨道一经证实就在天文学界掀起热议，它的轨道是椭圆形的，运行周期大约为 6 年。大家都对它的回归进行了充满信心的预测，但后来这颗彗星却再也没有出现过。好在人们很快就找到了其中的原因。这颗彗星在 6 年后回归时恰好位于太阳的另一边，所以无法看见。根据计算，当这颗彗星继续运行时会经过木星，而木星的引力导致它的运行轨道发生变化，从而超出了望远镜能够观测到的范围。这也解释了为什么以前从来没有看见过它。在莱克塞尔发现这颗彗星之前，它恰好经过木星附近，而木星改变了它原来的运行。1767 年，木星的引力将这颗彗星拉到太阳附近，并使它围绕太阳公转了两周；1779 年，当木星与这颗彗星再次相遇时，木星猛地推了它一把，不知道将它推到了什么地方。从那时起，天文学家发现的二三十颗彗星都有运行周期，但大部分仅仅观测到两三次而已。

在对彗星的研究中也要注意一点，它似乎不会如行星一样无限期存在，而是会如生物体般发生解散和衰亡。比拉彗星（Biela's comet）就是最奇特的一例，显然它已经完全解体了。1772 年，天文学家首次观测到这颗彗星，但当时没有意识到它是周期彗星。1805 年再次发现了它，但仍然没有发现它是 1772 年出现过的那一颗彗星。1826 年，天文学家第三次观测到了它，并通过先进的方法计算出了它的运行轨道，最终确定它就是前两次出现过的那颗彗星，并将它的公转周期测定为 6.67 年。按照这个测算，比拉彗星在 1832 年和 1839 年都会再出现，但这两次在地球所在的位置上都无法看见它。1845 年它会再次出现，天文学家可以在 11 月和 12 月观测到它。1846 年 1 月，当它接近太阳和地球时，天文学家发现它已经分裂成了两个部分。最初，彗星比较小的一部分非常暗弱，后来慢慢变得与另一部分的亮度相同。

1852 年，比拉彗星再次回归。这时，两个部分之间的距离比之前更远了。1846 年，彗星两部分之间的距离大约是 32 万千米，1852 年则超过了 160 万千米。1852 年 9 月，天文学家最后一次观测到比拉彗星，此后，尽管它还应该再回归七八次，但却再也没有观测到它。根据前面几次回归，我们很容易就可以准确地算出这颗彗星应该出现的位置，由于它没有再出现，所以我们推测这颗彗星已经完全解体。在下一节中，我们将会进一步讨论彗星的组成。

据说有两三颗彗星都是这样消失的。这些彗星都被观测到了一次或者几次公转回归，并且一次比一次暗弱，最后彻底消失不见。

恩克彗星

在所有的周期彗星中，有一颗彗星最有规律且被观察得最频繁，这就是以德国天文学家恩克名字命名的彗星——恩克彗星（Encke's comet）。恩克第一个准确测量出了恩克彗星的运行轨道。这颗彗星是 1786 年被发现的，但和通常的情况一样，它的运行轨道并没有被测定出来。1795 年，恩克彗星被卡罗琳 · 赫歇尔女士（Ms. Caroline Herschel）再次观测到。在 1805 年和 1818 年，这颗彗星又被观测到两次。在最后这两次中，恩克彗星的轨道才被准确测定出来，所以在经过计算之后确定了它的周期，并且与之前的观测相符。

此时，恩克发现这颗彗星的运行周期大约是 3 年零 110 天，由于受到行星——主要是木星引力——的影响，所以存在着一定的变化。它的最近几次回归几乎都能在一些地方被观测到。

这颗彗星之所以著名，主要是由于在一定的时间内，它的运行轨道一直在减小，直到它与太阳之间的平均距离减少了 40 多万千米为止。根据恩克彗星的远日距推测，它的存在时间可能长达好几千年。此外，就它的外表而言，它的彗发和彗尾都已经消失，像是一个迟暮之年的老人。

1984 年 4 月，环绕金星旋转的空间探测器发现，当时有大量水蒸气从位于地球和金星之间的恩克彗星中冒出来，与原来的预计相比，失水的速度是原来的三倍。根据这种现象，有些人认为恩克彗星不久后就会消失。但也有人提出了不同的看法，他们认为尽管恩克彗星的视亮度一直在降低，但它的真亮度在最近 100 年中并未出现显著变化，而且它最近几次回归时抛出的物质也跟以前一样多，完全没有消失的迹象。

每年 11 月 20 日到 23 日的金牛座流星雨，就是恩克彗星送给我们的礼物。

木星捕捉彗星

1886 年到 1889 年这段时间，发生了一件引起大家关注的事情，在太阳系中发现了一颗新彗星。1890 年，日内瓦的布鲁克斯（Brooks）在纽约观测到了一颗彗星，通过计算得知，这颗彗星沿着轨道运行一周的时间大约是 7 年。这颗彗星的亮度很高，奇怪的是，为什么以前我们没有发现它呢？不久之后这个问题得到了回答，天文学家发现，这颗彗星在 1886 年经过木星附近，木星的引力让它原来的运行轨道变成了如今的新轨道。此外，还有多颗周期彗星会从木星附近经过，可能也是这样被木星捕捉带进太阳系的。

那么新的疑问又摆在我们面前，是不是所有的短周期彗星都有这种经历呢？这个问题的答案是否定的，因为哈雷彗星没有近距离经过任何行星，而恩克彗星也是一样，它经过木星时与木星轨道的距离不足以被木星的引力拉进木星所在的运行轨道，但木星的轨道比较大时可能会发生这种事情。

1994年6月，木星成功地捕获了苏梅克–列维9号彗星，并且与之有了亲密的接触，这是近几年天文学史上的重大事件之一。1933年，尤金（Eugene）、卡罗琳·苏梅克（Carolyn Shoemaker）和戴维·列维（David Levy）一起发现了这颗彗星。在这颗彗星被发现后不久，人们就测定出了它的运行轨道靠近木星，是高度椭圆形的，并且位于将会发生碰撞的地方。

通过分析可知，1992年，苏梅克–列维9号彗星曾经与木星擦身而过，当时这颗彗星已经分裂成了至少21片碎片，这些碎片分布在其几百万千米的轨道中，原彗星和碎片的质量、体积都不确定，原彗星的直径估计在2千米到10千米之间，而最大碎片的直径在1千米到3千米之间。

1994年6月16日到22日的这段时间内，彗星碎片朝着木星大气层的外部飞奔而去，这是有史以来人们第一次见到两个天体的碰撞。这一次碰撞，出现在所有大型基地天文望远镜以及数以千计的业余小型望远镜中，若干艘宇宙飞行器，包括哈勃太空望远镜和伽利略号也都观测到了。在碰撞发生后的几个小时内，拍摄到的图片就被传到网上，并引起了ftp和www站点的网络堵塞。

彗星从哪里来

就算是最近，仍然有猜想认为，太阳系中的彗星来自恒星之间的广阔空间。现在这种观点似乎已被放弃，因为还没有证据表明彗星的速度能够超过太阳系中的速度极限。根据彗星的速度判断，它们可能来自行星的轨道之外，但绝对不是从恒星之间来的。此后，我们会发现太阳在空中不是静止不动而是运动着的。即使我们假定彗星真的来自太阳系之外，但上述事实依然表明，它们在太阳系以外时，也会随着太阳系一起运动。

根据对彗星的研究，有人提出观点，认为彗星有自己规则的运行轨道，与行星的运行轨道的不同之处是偏心率非常大。彗星的公转周期常常是几千年或者几万年，甚至是几十万年。在这个漫长的过程中，彗星会在太阳系之外很远的地方运行。如果彗星在回归到太阳系附近时恰好近距离经过一颗行星，这时可能会发生两种情况：第一种情况是，这颗彗星被行星的引力推离原来的轨道，所以加快速度朝着更远的地方飞去，甚至可能远到它再也不会回来了；第二种情况是，这颗彗星被行星的引力吸引，速度减慢，而原来的运行轨道也会缩小，所以就出现了许多周期不同的彗星。于是，我们得出结论，我们所见到的彗星都是太阳系中的成员。还有一些人认为，这些彗星可能是很久之前的古代太阳从宇宙成云（暗星云）中经过时捕捉到的，这种说法有一定的可取性。

1950 年，荷兰著名的天文学家奥尔特提出了一个假设：有一个巨大的星云团存在于太阳周围，这里是一个彗星库，里面有好几亿个小小的彗星核，它们都是固体状态的。由于受到过往恒星的引力作用，星云团中的彗星会跑到太阳系中去。根据现有资料得知，任何彗星的轨道都没有显示出该彗星是从太阳系之外来的。这个事实表明，彗星来自星际空间的说法是错误的。尽管许多天文学家都赞同奥尔特的假说，但这个假说的正确性还没有被证实。

明亮的彗星

天空中不时出现的明亮彗星会引起每一位观测者的极大兴趣，就现有的知识来说，我们很难准确地预测出何时会出现这样一颗彗星。19 世纪仅出现过五六颗所谓的明亮的大彗星。其中最明亮也最引人注目的那颗彗星出现在 1858 年，这颗彗星以发现者意大利天文学家多纳蒂（Donati）的名字命名。这颗彗星的发现过程呈现了这颗彗星的变化情况。第一次观察到这颗彗星是在 6 月 2 日，当时这颗彗星只是像暗淡的星云一样，通过望远镜观测看起来就像是天空中的一朵小白云，不只看不见彗尾，更不知道它会变成什么样子，直到 8 月中旬才能慢慢找到它逐渐形成的彗尾。9 月上旬，仅用肉眼就可以观测到它了。此后，这颗彗星以令人惊奇的速度增长，每晚都越长越大，越来越明亮。这颗彗星似乎在移动，但一个月内似乎都没怎么动，每夜都会飘浮在西天。10 月 10 日夜里，它的亮度达到了顶峰。哈佛天文台的邦德将它仔细描绘成图，其中的两幅图显示了彗星的同步情况，一幅是肉眼观测到的情形，另一幅则是望远镜中观测到的。10 月 10 日之后，这颗彗星渐渐变暗，直至慢慢消失。不久之后，它向南移动到地平线之下，不过，南半球的许多观测者一直追逐着它直到 1859 年 3 月。

在这颗彗星将要脱离人们视线时，数学家们开始计算它的运行轨道。很快，人们就发现它不是在标准的抛物线上运行的，而是在延伸到无限远处的椭圆上运行。它的运行周期大约是 1900 年，但可能存在上下 100 年的误差，因此它在上一次，也就是公元前 1 世纪的回归应该能够被观测到，但却没有相关的记录可供证实。也许可以期待它的下一次回归，那将在 38 世纪或者 39 世纪。

有一个非常奇特的情况需要注意，1843 年、1880 年和 1882 年这三年中出现的彗星几乎是在同一轨道中运行的，其中第一颗彗星的记录是最有意义的一次记录，看起来它好像会从太阳的边缘擦过，实际上它却在日冕之外运行。2 月底，这颗彗星有些突然地出现在太阳附近，即使白天也能被观测到。异常巧合的是，在它出现之前传出了一个预言，说 1843 年会是世界末日。受到这则预言的影响，人们将这颗彗星的出现视为不祥之兆。

这颗彗星在 4 月中消失不见，所以它的观测时间相当短。它的公转周期随后成了人们关注的焦点。我们发现，它的运行轨道与抛物线没有明显的区别。因为观测时间太短，所以对周期的各种猜测都变得有些不准确，我们只能推断，这颗彗星要在好几百年之后才会再次出现。

出乎人们意料的是，37 年后，有人在南半球观测到了一颗彗星，并且发现这颗彗星几乎与前者运行在同一轨道上。首先，这颗新观测到的彗星的长尾从地平线之下慢慢冒出来，当时阿根廷、好望角和澳大利亚等地区都观测到了这个现象。直到 2 月 4 日才看到它的头部出现，扫过太阳继续向南运行，以致北半球的观测者始终都没能观测到它。

人们因此产生了一个疑问，这颗彗星与 1843 年出现的那颗彗星有没有可能是同一颗呢？以前，人们认为两颗彗星经过很长时间出现在同一轨道中，那它们便是同一颗彗星。然而对于这种情况而言，从前的假设与实际观测结果不符。直到 1882 年，这个问题才被解决，因为出现了第三颗彗星。它的运行轨道也与上面所说的两颗彗星相似，但这颗彗星绝对不是两年前出现的那颗彗星。于是，我们得出了这样的结论：在同一轨道中有三颗明亮的彗星在按照不同的周期运行。或许还不止这三颗，因为 1668 年和 1887 年也发现了两颗近距离经过太阳的彗星，只是它们的轨道与上面三颗略有不同。

我们推测这些彗星可能是一颗大彗星经过近日点时，由于受到太阳的引力而分裂成了五个部分。1882 年 9 月，大彗星的核在经过近日点之后，再次分裂成了四个部分，这四部分的间隔时间大约是 1 个世纪，周期在 660 年到 960 年之间，再次回到近日点时将是四颗毫不相关的彗星。

彗星的本质

彗星的核的组成物质看起来是冰、气体、小部分灰尘及其他固体物质。彗星的大小有着巨大差异，小的彗星就像一粒沙子，而大的彗星就像空中落下的陨石。接下来我们需要回答的问题是，彗星经过多次公转之后，它的这些组成部分是如何始终保持在一起而不散开的呢？当彗星的头部近距离经过太阳时，它的形状常常发生变化，这种情况似乎证明上述疑问或许更接近事实。

经过光谱仪的分析，表明这些彗星的光线不只反射太阳光，还具有其他特点，其中最显著的特征是三条明亮的条纹，这与碳氢化合物的光谱极为相似。这种气体能够发光，还能反映出彗星内部的光谱。

在一大半情形下，这种气体发光依靠的不是太阳的热量，而是太阳风的影响，与地球大气层中的极光是同一类气体。

似乎可以肯定的是，彗星的组成物质是不稳定的，且具有挥发性。我们通过望远镜观测明亮的彗星时，总是能发现彗星的头部有大量的蒸汽冒出，并朝着太阳的方向缓缓上升，等到离开太阳后慢慢展开，形成彗星的尾部。但彗星的尾部并不像动物拖着的尾巴，它不是彗星的组成部分，而是像烟囱中冒出来的青烟一样，由非常小的灰尘颗粒组成，从彗星的核中跑出来。

通常彗星出现时完全没有彗尾，等到逐渐靠近太阳时才开始形成。彗星和太阳之间的距离越近，彗星发出的热量就越大，尾巴的发展也越快。由于太阳辐射的作用，尾巴的组成材料会快速向外扩散，因此彗星的尾巴与太阳的方向总是相反的。

流星

不论对天文学的了解程度有多少，流星几乎是所有人都知道的，而且它是许多诗人的赞美对象，他们感叹于它惊人的美丽，却又因为它的短暂扼腕叹息。流星的光度有着巨大差异，但越明亮的流星，数目越少。一个常常在野外露营的人，平均一年也就只能见到一次明亮的流星。如果运气够好，他会看见一颗能够将夜空照亮的流星。

在任何一个晴朗的夜晚，一位观测者在一个小时内几乎会见到三四颗以上的流星，但是有时候流星会非常多，如 8 月 10 日到 15 日这个时间段，流星不仅比平时多，而且更加明亮。历史上有几次流星的数目繁多到令人诧异和恐慌，其中值得特别关注的分别发生于 1799 年、1833 年、1866 至 1867 年。最后一次最为壮观，以致非洲南方的黑人为了纪念这件事情，竟然形成一种习俗来保持这个回忆。

流星和陨石

直到 19 世纪，流星的来历才渐渐为天文学家所知晓。太阳系中除了众所周知的行星、卫星和彗星之外，还有许多望远镜观测不到的小天体在围绕着太阳运行，大部分都类似于小石头，只是比沙粒大一点而已。在地球绕着太阳公转的过程中，常常与它们相遇，此时这些小天体的相对速度高达每秒几十千米，甚至是 100 多千米。这样高速度的天体从地球周围的稠密大气中穿过时，一定会产生巨大的摩擦力，从而产生高温，使它们自身的物质熔解发出明亮的光芒；无论组成的物质多么坚固，都会转化成一道亮光，逐渐消失在空中。我们看见的就是一颗微粒穿过上层大气的稀薄地带时燃烧殆尽的过程。

显然，流星越大就越坚固，出现时就会越明亮，燃烧的时间也越长。有时，流星太大、太过坚固，在距离地面只有几千米的地方才会彻底消失。这时候，人们在它经过时就会见到一颗非常明亮的流星。在这种情况下，当流星消失几分钟后，人们会听到类似大炮发射般的声响，这是当流星高速飞行划过大气层时压缩的空气产生的震动造成的。有时候，流星到达地面之后还没有燃烧殆尽，便形成了陨石，一年中在不同的地方总会出现几次这种情况。

流星雨

当代关于流星的最伟大发现与每年某些季节出现的流星雨概率相关，最值得关注的流星雨发生在 11 月中旬，这些流星雨叫作“狮子座流星群”（Leonids），因为它们都是从狮子座中分散开来向外运动的。

通过历史资料我们发现，如此大规模的流星雨，大约每隔一个世纪的1/3时间会出现一次，已经这样反复发生至少1300多年了。最早的记载来自阿拉伯人的记述：

“599年，摩哈兰月（Moharren）末日，群星乱舞如蝗；人众俱惊，皆告于无上之神，若非神使将至，胡有此异象耶？愿祈福祉。”

第一次对这种规模的流星雨有详细记录的是1799年11月12日发生的流星雨，这是洪堡德（Humboldt）在安第斯山脉观察到的。他似乎认为这只是一种神奇的天象，并没有对它的起因进行严谨的科学研究。

下一次流星雨出现在1833年，天文学家奥伯斯推测流星雨的出现可能具有周期性，而且周期是34年，并预测1867年还会再次出现流星雨。后来的事实证明了这个预测。但1866年也有流星雨，这两年中，天文学家对流星雨的观测更加仔细，并获得了非凡的天文发现，揭示了流星和彗星的关系。在对此进行详细说明之前，我们要先解释一下流星雨的辐射点。

我们发现，当流星雨出现时，如果用线标出每颗流星在空中划过的轨迹，然后将这些线反方向延伸，就会发现它们相交于天空中的某一点。对于11月份的流星雨来说，这一点位于狮子座（Leo）中；而对于8月份的流星雨来说，这一点位于英仙座（Perseus）中。这一点就是流星雨的辐射点（radiant）。流星移动的路线是相同的，似乎都是从辐射点向着四面八方辐射，但不要认为在这个点上可以真正看到所有流星，它们可以位于这一点90°以内的任何地方。只要我们能够看见流星雨，那它们的路线就是从这一点出发的。这表明，流星遭遇地球大气层时，始终沿着平行线运行。辐射点就是透视法中所说的消失点（vanishing point）。

彗星和流星的关系

我们知道了11月份流星雨的出现周期是33年，还测定了它们辐射点的准确位置，因此，计算出这些流星的运行轨道就不是难事。1866年，当流星雨出现之后，勒维耶就开始进行这项研究工作。恰好1865年12月出现了一颗彗星，它在1866年1月经过近日点，天文学家奥伯尔兹（Oppolzer）对这颗彗星的运动进行仔细研究后计算出它的轨道，并确定它的公转周期大约是33年。但奥伯尔兹没有注意到这颗彗星与流星群的出现周期非常接近。随后，斯克亚巴列里发现奥伯尔兹计算出来的彗星公转轨道和勒维耶计算出来的11月份的流星雨运行轨道十分相似。由于这两者实在太接近，有人甚至怀疑它们是一体的。很明显，制造11月份流星雨的天体在轨道上追随那颗彗星运行。因此，有些人推断，这些天体原本是彗星的组成部分，后来渐渐脱离了彗星。当彗星分散解体之后，某些未完全消失的部分会变成微小天体，继续绕着太阳运行，但会因为相互之间的吸引力不够强大而逐渐离散，不过它们依然在同一轨道中运行。

8月份的流星雨也是同样的道理，它们的运行轨道与1862年发现的彗星的运行轨道非常接近，而这颗彗星绕着太阳公转一周的时间大约是123年。

还需要引起注意的是1872年发生的类似事件，我们在前面的讲述中已经提过比拉彗星的消失过程，这颗彗星的运行轨道几乎与地球的公转轨道相交于一点，而地球经过这一点的时间是11月末。根据对这颗彗星的观测，推测它会在1872年9月1日经过这个交点，而地球还有三个月才会经过这一点。参考其他类似情况可知，1872年11月27

日晚上将有流星雨出现，而辐射点位于仙女座中。后来这个预言被证实了，这些流星被称为“仙女座流星群”（Andromedids），并形成了若干次美丽的流星雨，不过1899年后只能看见很少的流星雨。

也有很多令人失望的情况，比如1866年出现的彗星，在1898年到1900年中本该再次出现，但天文学家始终没有观测到它。也许是观测时被漏掉了，并非彻底消失，因为它经过近日点时与地球之间的距离太远，以致地球上的人们无法看见它；更加奇怪的是，1899到1900年间本该出现的流星雨也并没有大批量出现，这种情况可能是由于受到了行星的吸引力作用，使这群流星的运行轨道发生了变化，这是完全有可能发生的事情。

在大多数人的认知中，无数彗星在之前绕着太阳运行的过程中，曾经将微小的碎片遗落在后面，而这些碎片只不过像掉队的队员，依然会在这个轨道中运行，等到进入地球大气层时就会形成流星雨。不过还有一个问题，是否所有的流星都是彗星的碎片，答案应该是否定的，因为有些流星的情况并不是这样，有些流星进入地球大气层的速度要高于上一节中所说的抛物线的极限，所以这些流星看起来可能只是流浪在与我们的系统没有关联的恒星界。

黄道光

这是一种柔和微弱的光，它围绕在太阳周围，一直延伸到地球轨道附近，而且恰好处于黄道平面。在任何一个晴朗的晚上，热带地区的人们在日落后的一个小时内都能够看见这种黄道光。北纬中部的最佳观测时间则是春季的夜晚，日落之后的一个半小时内，黄道光会出现在西方或者西南方，而且延伸到昴星团中。之所以这时候最容易观测到黄道光，是因为它和黄道是对称的，所以此时与地平线之间的夹角最大。秋季是日出之前可见，黄道光从东方慢慢升起，然后向南方扩展。

天空中正对太阳的地方也存在一片微弱的光，这片光的名字叫gegenschein，这个词是德语，意为“对日照”（counterglow）。由于这片光太弱，所以仅仅在最有利的条件下才能够看见它。如果这片光进入银河中，它会被淹没在银河的光辉里。

每年的6月和12月，对日照会经过银河，在这两个月中无法看见它。1月和7月的上旬，也有可能看不见。其他时候，当太阳降落之后，天空非常晴朗、月亮又没有出现时能够看见它。在那时，对日照看起来就像一片暗淡的光影，而且无法看清楚轮廓，观测者在寻找它时，扫视太阳的正对面应该就可以锁定它。

大家认为一些尘埃微粒（性质与流星相似）绕着太阳运行时会反射太阳光，从而形成了黄道光。我们也可以用相同的原因解释对日照，力学中的原理也证明，流星类物质能够在太阳的对面聚集。

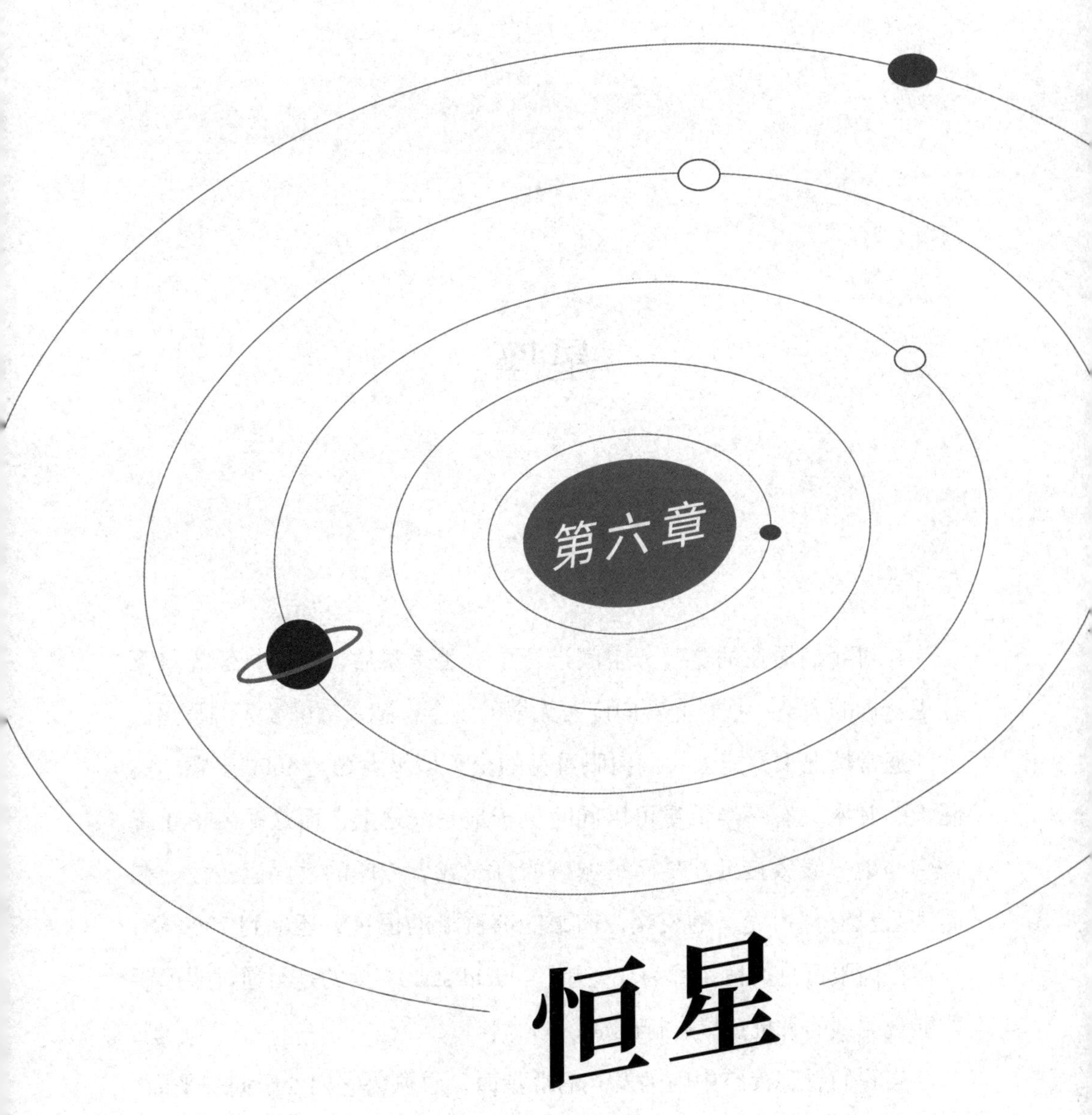

第六章 恒星

星座

在对我们居住的这部分空间进行了一番考察后，我们将任想象飞往更遥远的太空，把目光转向广袤无垠的星空，感受辉耀满天的群星。

通常情况下，能被我们肉眼看见的全天恒星大约是 5000 多颗。实际上，其中只有一半恒星可以同时位于地平线之上，而这一半中还有许多与地平线太接近，从而被城市的灯光或者浓厚的大气遮盖住。在晴朗且没有都市光害的夜晚，肉眼能够看见的恒星数还不到 2000 颗。我们把肉眼可见的恒星称为“亮星”（lucid star），为的是与通过望远镜才能观测到的大批恒星进行区别。

当我们看到夜空中闪闪发光的群星时，总认为它们处于同一平面，因为看起来它们与地球之间的距离似乎都是相等的。我们在第一章中就讲过，假设群星是在一个大圆球的内部平面上，这个大圆球将地球包裹了起来。这个大圆球沿着偏斜的主轴旋转运动导致了星辰的东升西落。不过，对北纬中部的观察者来说，他们会发现绕着北极旋转的星星永远不会降落，这就是我们在前文说过的恒显圈（upper circle）；

而绕着南极旋转的星星永远不会升起。这个大圆球每一恒星日自东向西旋转一周，不足 4 分钟旋转 1 度。

众所周知，由于地球沿着主轴自西向东转动，天上的景物看起来在自东向西旋转。同时，因为地球还绕着太阳公转，所以太阳看起来是在群星之中缓慢向东移动，每天大约移动 1 度，一年绕着黄道旋转一周。我们在前面已经讲述过地球转动产生的这种结果。

太阳慢慢向东移动，根据地球自转制定的恒星日每天比太阳日少 4 分钟。每夜星辰都会比上一夜早 4 分钟升起，同一个小时内会偏向西 1 度。四季轮流出现，所有的星辰都会交替从夜空中经过。

星辰在天空中并非均匀分布，而是一团一团地聚集在一起。其中一些星辰非常醒目且引人关注，如北斗或飞马座（Pegasus）大正方形，令人印象深刻，一见难忘。古代人对天空中耀眼群星的兴趣跟我们一样，他们还为群星取了名字，宇宙的样子几千年来几乎没有什么变化，星座也就诞生了。

我们所熟悉和了解的星座是由古希腊人传下来的（其中有了一定的发展和修改），而古希腊人又是从美索不达米亚的居民那里学来的。公元前 9 世纪，古希腊著名的诗人荷马（Homer）就描述过大熊座、猎户座（Orion）以及其他著名的天上形象。最早描述古代星座（大约是 50 个）的作品是马其顿的宫廷诗人阿拉托斯（Aratus）创作的 *Phenomena*，这部作品创作于公元前 270 年，书中详细描述了所有的星座。星座的名称以神话中的英雄、鸟兽的名字命名，每个名字又都与一些人们很熟悉的故事相关。

如今在古老的星座之间画出的，或者说创造出的这些新的星座，是对古代星座空白的填补——尤其是在南半球，因为古希腊人对此处的星空情况完全不了解。

天文学家将星座的拉丁文旧名字保留下来，但现代星图中已没有表示星座的旧式英雄、鸟兽等形象了。为了便于研究，星座成为天空中包括不同星群的区域，由我们任意定下边界。星座的边界要平行或者垂直于天球赤道，而边界之内的星星都属于这个星座。当月球、行星或太阳出现在边界里面时，也可以说它们位于星座之中。

由于月球、行星、太阳与黄道之间的距离不会太远，它们常和黄道带上的12个星座建立联系，这就是十二星座，它们的名称分别是：白羊（Aries）、金牛（Taurus）、双子（Gemini）、巨蟹（Cancer）、狮子（Leo）、室女（Virgo）、天秤（Libra）、天蝎（Scorpius）、人马（Sagittarius）、摩羯（Capricornus）、宝瓶（Aquarius）、双鱼（Pisces）。黄道带是指环绕着天球的一道宽16°的带子，黄道位于其中。将黄道平均分成12个区域，这就是我们所说的黄道十二宫。从春分点一直向东，十二宫的名字对应着上述十二星座的名字。2000年前，每一宫恰好包含对应的星座。不过，随着黄道十二宫向西缓慢移动，如今与十二星座已经无法完全相符了。

我们在这一章所讲述的内容，主要是为了让读者更好地认识北纬中部常见的星座，而且大部分星座都有着特殊的形状，如正方形、十字形、勺子形等，根据形状和解说就可以很容易辨认出星座来。每个季节都有自己的星座，无论从何时辨认都可以。无论是谁，只要开始研究辨认星座，大概都会一直坚持下去，直到认清天空中的所有星座，因为不断有熟悉的星座慢慢消失在西方，而新的星座又不断地从东方升起。

为了方便更好地认识各个星座，我们将夜空中的可见区域分为五个区。首先是北天星座，这是围绕着天极运行却永远不会降落的星座，终年都可以在北纬中部见到。其余四区的星座都有升降变化，而且大部分都会经过天顶之南。现在我们将每个季节晚上 9 点经过子午圈的星座划定出来，而且主要划出比较明亮的星星，这样做不仅可以避免混淆，还消除了各个星座之间的边界。

北天星座

我们在本书第一章的图 1–2（第 12 页）中已经描绘了北天星座，天球北极位于图的中心，星辰按照逆时针方向绕着它旋转，旋转一周的时间大约是 23 小时 56 分钟。如果想让这幅星图符合晚上 9 点的星空，只要将本月份转动到天顶上即可。

我们首先看见的是大熊座，七颗明亮的星星构成了大家都非常熟悉的勺子形。这个星座中的星星基本全年都能看见，只是在秋季它们接近地平线时可能无法被看到。再注意一下勺子顶端的两颗星星，这就是所谓的“指极星”，因为这两颗星星连成的直线指向北极星，北极星靠近图 1–2 的中心，与极之间的距离不足 1°，因此成为北天极的标志。

北极星是小熊座中的一颗星星，位于勺柄的末端，星座中只有勺边的两颗星星最明亮，其他星星则非常微弱。那两颗星星被称为极的守卫，因为它们一直不停地绕着极旋转。

当看不见指极星却想寻找北极星时，只要望向正北方，北极星与地平面的角度恰好等于观测者所处地带的纬度。因此，在北纬 45° 地区，北极星就位于天顶和地平线的中央。

在北天极的另一边是仙后座（Cassiopeia），它的方向正好与大熊座相反，而且与北天极的距离也大致和大熊座一样。五颗明亮的星星构成字母 W 或者 M 形，它们与两颗比较暗淡的星星一起，构成了仙后的宝座，只是这个宝座的背部有些弯曲，如果不垫上靠垫，估计坐上去会非常不舒服。

仙后座的前方就是仙王座（Cepheus），它看起来像教堂的尖顶，顶上的尖恰好指向北极。仙王座的前面是天龙座（Draco），它差不多位于北天极与大熊座之间，头部为 V 形，天龙座似龙一般的身躯由一些比较暗淡的星星构成，可以借助星图找到它们。天龙座将北天黄极（north ecliptic pole）包围起来，而北天黄极正好位于龙头到北极星的 1/3 处。天龙座这一点上没有明亮的星星，它正好是天极慢慢画出的大圆的中心，这种缓慢运动由地球自转产生的岁差引起。

这就是北天中的五大星座，认识了它们之后，我们转向南天，选择适合观测季节的星图，暂且设定在秋季吧。

秋季星座

图 6–1 描绘的是秋季在南天中点缀的主要星座。垂直来看，月份下方是本月晚上 9 点会经过子午圈的星座，从天顶（靠近上边）一直到地平线（靠近下边）。

在秋季天空中最容易辨认的是飞马座，它的大正方形是其主要特征。秋初时，飞马座从正东方升起，11 月 1 日晚上 9 点它位于南天的最高处。四颗 2 等星构成了飞马座大正方形，每边大约是 15°。正方形东北角的前面是仙女座（Andromeda）大星团，这是远在银河系之外的旋涡星系，而且也是最明亮的星系，我们会在后面详细介绍，肉眼看起来它是一块长长的雾状光斑。如果我们将飞马座的大正方形想象成

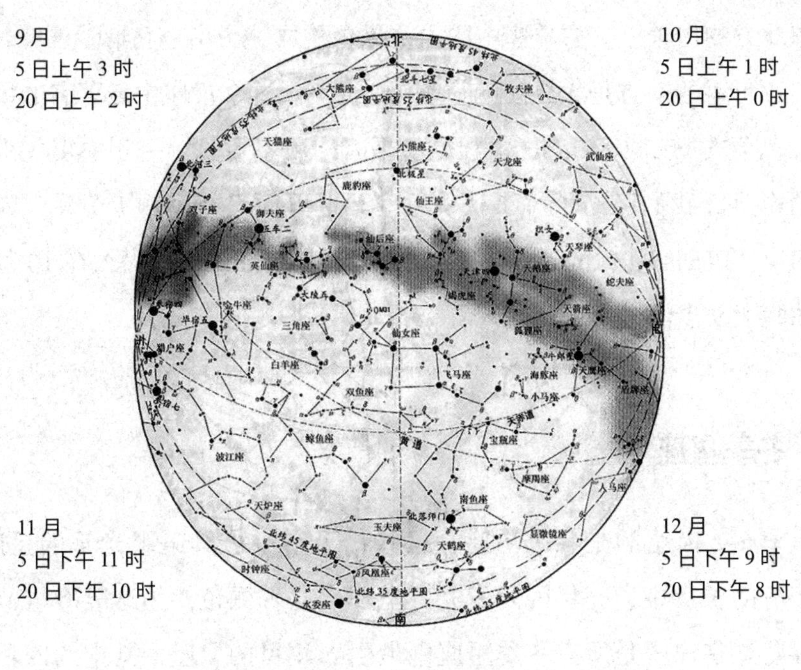

图 6–1　秋季星座

勺子的斗，那么在它东北方仙女座中的亮星就是勺柄。不过，勺柄末端的星星属于其他的星座（英仙座）。

英仙座（Perseus）位于银河中，里面的星星排列成箭头，与仙后座相对。在这两个星座之间，我们会看到一块云状光斑，无论是在双筒望远镜还是其他望远镜中，都可以观察到它的两个星团，这就是英仙座双星团。箭头西边是排列成一条直线的三颗星星，中间的星星最亮，这就是变星大陵五（Algol），是蚀变星的代表。

我们现在所介绍的区域中存在着黄道三星座：宝瓶座、双鱼座和白羊座。黄道和赤道相交处的春分点（太阳于 3 月 21 日在此处）大约位于飞马座大正方形东边线延长一倍的地方。2000 多年前，春分点还在东北方的白羊座。白羊座中的主要星星构成一个扁三角形。

双鱼座的南方是大星座鲸鱼座（Cetus）。这个星座中最著名的星星是红色蒭藁增二（Mira），这颗星星平时肉眼不可见，一年中仅仅出现一两个月。我们已经了解了秋季星座，这里面只有一颗1等星，就是南鱼座（Piscis Austrinus）中的北落师门（Fomalhaut），大约在10月中旬的晚上9点经过子午圈。

冬季星座

图6–2描绘的是冬季星座，这些是天空中最具耀眼光辉的星座。在寒冷的长夜中，亮星闪闪发光，呈现出各种颜色，为这凄冷季节平添温暖。猎户座是所有冬季星座中最引人注目的星座，其中的四颗星星组成一个长方形，在我们看来恰好直立于南方。图上方的东角是红色巨星参宿四（Betelgeuse），而下方的西角是蓝色参宿七（Rigel）。长方形中部横着的三颗亮星看起来像是猎户的腰带，而下面三颗暗星看起来就像是猎户的配刀。其实三颗暗星的中间有一颗不是星星，而是一个美丽的星云。猎户座中最壮观的风景就是大星云，但需要通过望远镜才能看见。

随着猎户座的腰带向南望去，我们就会看见天狼星。天狼星是天空中最亮的恒星，位于大犬座（Canis Major）。猎户座的东方，与天狼星及参宿四形成一个等边三角形的星座，是一颗1等星南河三（Procyon），南河三属于小犬座（Canis Minor）。

猎户腰带的上方是毕宿星团（Hyades），V字形是它的显著标志，接着便是“七姐妹”昴星团（Pleiades）。这两者都是疏散星团（Open

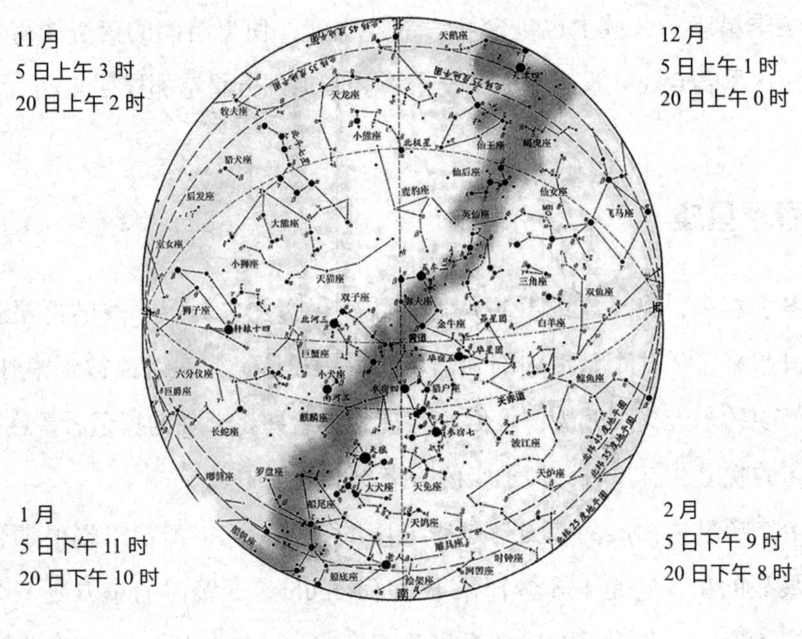

图 6–2　冬季星座

Cluster）的代表，我们会在后文详细介绍。毕宿星团在金牛座的头部，红色亮星毕宿五（Aldebaran）是牛眼，东边两颗亮星则是牛角。这两颗星星的上方就是御夫座（Auriga），其中的黄色大星五车二（Capella）是一颗亮星，也是北半天球中三颗最亮的星星之一。

这个区域中的金牛座、双子座和巨蟹座是黄道三星座。本区域中的黄道是最北的一部分。

双子座形状也是一个长方形，东边一端是两颗亮星：北河二（Castor）和北河三（Pollux）。1930 年发现的冥王星就在这个星座中。巨蟹座的名称代表着北回归线，但它并不太明亮，其中最吸引人的部分是星座中的鬼宿星团（Praesepe），肉眼看起来好像云斑一样，通过望远镜可以发现它是一个疏散星团。

冬季星座的区域中也包含了一部分银河，使得晴朗的夜空变得更加美丽，尽管它还是没有我们在夏季看到的那部分星空那样明亮动人。

春季星座

冬去春来，当冬季的群星从地平线上慢慢消失时，春季的群星就逐渐升起来了。这个区域中的领袖星座是狮子座，也最容易被观察到，它在傍晚的东天缓缓升起，人们将它视为春天即将来临的报讯者。在 4 月中旬的晚上 9 点左右，狮子座位于南方的天空中。

由 7 颗星星构成的镰刀形是狮子座的显著标志，刀把末端的那颗星是最亮的星，它是 1 等星轩辕十四（Regulus）；镰刀的东方是一个直角三角形，三角形最东边的星星是五帝座一（Denebola）。有些人根据这个星座中星星构成的图案，想象出了狮子的轮廓。

将五帝座一与大熊座中勺柄末端的星星连接起来，连线会经过两个星座，这就是后发座（Coma Berenices）和猎犬座（Canes Venatici）。后发座中有一个星团，其中的一些星星肉眼就可见。观测者通常喜欢通过大型望远镜观察这部分天空，因为其中有许多旋涡星云以及太阳系外的多种系统。

长蛇座（Hydra）是春季天空中最长的星座，横在南天中，像是一条由星星组成的不规则的线，几乎从巨蟹座南方一直延伸到天蝎座附近。它的中部附近是巨爵座（Crater）和乌鸦座（Corvus），这是两个非常有趣的星座，前者像一只杯子，后者则是由明亮星星组成的四边形。

让我们再回到北天看一下。在这个季节中，大熊座的位置比北极还高，而且勺子的形状倒转过来，将勺柄的曲线向南延伸，不久之后会遇到一颗很明亮的橙色的星星；再继续延伸，又会遇到一颗稍微暗淡一点的蓝色星星。第一次遇到的星星是牧夫座中的大角星（Arcturus），第二次遇到的星星是室女座中的角宿一（Spica）。牧夫座的形状像一个风筝，而大角星就在风筝的尾巴处。

在黄道星座中，室女座是一个比较大的星座，但它没有清晰形象的图形，并不太容易辨认。角宿一、五帝座一和大角星一起构成了一个等边三角形。将角宿一和轩辕十四连接起来的一条线段，可以表示天空中黄道的一部分。在这条线段 2/5 的地方大约是秋分点，太阳经过天球上这一点的时间是 9 月 23 日。

夏季星座

夏季是各种各样有趣的天界景物出现最多的时候，也是观测变幻莫测的星空最好的时机。与牧夫座的东边紧挨着的是北冕座（Corona Borealis），这个星座很容易辨认出来，它是由许多星星组成的一个半圆形，缺口向北。

北冕座的东边是武仙座（Hercules），它看起来像是一只展开翅膀在飞翔的蝴蝶。这里恰好有一个肉眼可见的球形星团，也是呈现于望远镜中最壮观的景象之一。在北纬地区，这个恒星构成的球形星团是这一类天体中最为壮观的天界风景。武仙座东部中是“太阳向点”（solar apex），这是一个值得注意的地方，以全星系的角度来看，太阳系的全体成员都在向着这一点靠近。

武仙座的东边是天琴座，星座中包含着蓝色的亮星织女星，继续往东是北方大十字形，中轴正顺着银河。这就是天鹅座（Cygnus），里面最亮的星是天津四（Deneb），位于大十字的顶端。银河在这个地方变成两条平行的支流。顺着这样的河流我们继续往南走。

我们会从两个小星座的附近经过，这两个小星座是天箭座（Sagitta）和海豚座（Delphinus）。再过去一点是较大的天鹰座（Aquila），其中的三颗星星排列成一条直线，最明亮的是河鼓二，也就是牛郎星（Altair），其余两颗则比较暗淡。在此之前，银河的西支流一直比较明亮，但到了这个地方开始变得暗淡，甚至消隐不见，之后又在南方重现。与此同时，银河的东支流变得明亮起来，在人马座中聚集成了许多大星云。这个黄道星座的主要特点是，其中的六颗星星一起构成了倒转的勺子形。

人马座的西边是天蝎座，它同样是一个黄道星座，也是夏季夜空中最美丽的星座之一。大约在 7 月晚上的 9 点，它会从子午圈经过，其中最明亮的红色星星是心宿二（Antares），它是已知的最大恒星，直径大约是太阳直径的 400 多倍。位于南部低空的天蝎座和此时将要接近天顶的北冕座之间有着一块大的空白，由巨蛇座（Serpens）和蛇夫座（Ophiuchus）两个星座做了填补。

认识了这么多星座后，大家也许会发现，找到天空中的星座并了解它们并不是一件困难的事情，而且意义非凡。因为当我们再次仰望夜空时，看见的不再是堆积在一起的无意义的群星，它们有着鲜明的形象和具体的名称。在这样的观测过程中，美丽星空的吸引力也会越来越大，以至我们会惊讶于夜空中有着那么多有趣的事，而从前竟然没有发现。

恒星的本质

在相当长的时间里，人们对星辰的守望始终只是将其看作夜晚天空中闪闪发光的点缀。人类在早期就观察到星辰会聚集起来，组合成各种形状，特别是星空对夜间时刻和季候的显示，更是为人们所利用。

在早期的天文学研究中，天文学家的工作几乎都是围绕地球周围的天体，即太阳、月球和明显的行星而展开的。这些天体的特殊光亮以及它们在天空中的运行，都使得它们引起了大家的特别关注。远处的恒星尽管看起来是固定不变且不可思议的，但它们可以作为指示标，标示出那些不断变化的天体。这也正是星图很早就出现的原因。

哥白尼的日心说被发表之后，一方面确立了太阳在行星系统中的中心地位，另一方面也让人们明白了太阳仅仅只是一颗恒星，它之所以看起来很明亮，是因为和地球之间的距离非常近。于是，遥远的恒星也被人们看作是同样发光发热的“太阳”，而且可能有行星和卫星绕着它们运行。

我们研究太阳时得到的一切特征大概都与恒星相符，它们都是高温气体构成的巨大球形，分为光球、色球、日冕、日珥等。它们一直在向空中释放能量。然而，即便用肉眼也可以看出，恒星显然不是太阳的复制品，因为其中有蓝色星、红色星以及跟太阳相似的黄色星。

借助望远镜，我们观测到了许多肉眼无法看见的星星，但除了几个显著特征外，望远镜并没有带领我们认识恒星的本质，因为就算是最好的望远镜也不能让我们看清楚恒星的内部结构。当其他的特殊仪器发明并应用之后，我们才对恒星的本质有了更进一步的了解。而最早用于恒星研究的设备是分光仪。

星光的分析

分光仪是天文学中用来分析天体的光的一种仪器，借助安装在上面的一枚或者多枚棱镜，或者再添加一个光栅，仪器可以将光分解成一条色带，这就是“光谱”。光谱中的颜色和天上的彩虹一样，从光谱的一端到另一端出现的颜色依次为紫、靛、蓝、绿、黄、橙、红 7 种，而且包含了渐次的等级。

用两架小型望远镜对准棱镜，把第一架小望远镜中的目镜替换为一道狭缝，这里就是接收光线的地方。将分光仪连接到望远镜上，此时的狭缝位于目镜的焦点上。当光经过狭缝之后，第一架小型望远镜中的透镜让它成为平行的光线，然后通过棱镜就形成了光谱。通过第二架小型望远镜进行观测——但常常用于摄影，借助于安装在一部分狭缝上的反射望远镜，又可以随着天体的光谱拍摄一些已知元素（如氢、铁等）的光谱。只有通过上面我们讲的狭缝分光仪才能拍摄到这种比较光谱，但这样做起来有一点麻烦，因为一次只能显示一颗星星的光谱。

另一种分光仪器是物端棱镜分光仪，它可以同时显示许多颗星星的光谱。这种仪器就是在大型望远镜的物镜前面添加一个大棱镜，这样拍摄出来的图片是望远镜观察到的区域中的星星光谱，每一段短光谱都代表一颗星星。

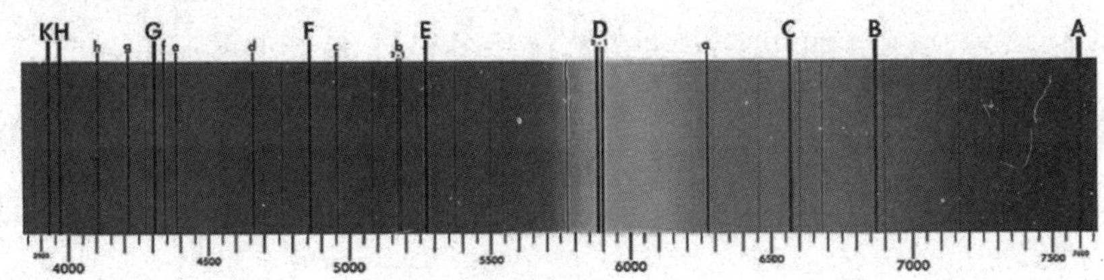

图 6–3 夫琅和费光谱线

实际上，最早开始进行天体光谱分析的是夫琅和费，他也是制作大型望远镜的先驱，我们在前面的内容中已经做过详细介绍。夫琅和费在 1814 年通过自制的分光仪研究日光，第一次发现许多从光谱中经过的细小暗线。他将光谱中从紫色到红色的明显暗线用字母标记出来，这个系统一直保留到今天。这样一来，黄色区域中两条相邻的暗线被命名为 D 线，如图 6–3 所示。

1823 年，夫琅和费开始研究恒星的光谱，他也在其中发现了各种暗线花样，随着恒星红色程度的增加，这些花样变得更加复杂。著名物理学家基尔霍夫（Kirchhoff）提出的定律，成功地揭示了这些暗线的秘密，我们将这个定律的结论概括如下：

在黑暗背景中，一种发光气体的光谱能够呈现出各种颜色的谱线花样，花样会随着构成这种发光气体的化学元素的不同，而表现出不同的特点。好比无线电台可以用不同的波长播音，但都可以通过调谐检验出来一样，发光气体中的每一种化学元素同样可以通过它发射出来的光的波长辨认出来。在特殊情况下，一个发光的固体或液体甚至气体，能够发出连续的光谱，说明它发出的是白光。假如在我们和这光源之间存在着比较冷的气体，它就会将白光中与它发出的相等的波长吸收掉。这样叠加在一起的光谱就是各色连续带上的暗线花样。通过暗线花样，我们可以得知干涉气体的组成成分。恒星的暗线光谱的意义，就是表明恒星大气吸收了从恒星光球发出的白光中一些选定的波长。

恒星光谱的花样

哈佛天文台及其在秘鲁的阿雷基帕分所（现在转移到了非洲南部的马萨尔波尔）对恒星光谱的摄影研究，已经长达一个世纪。这项工作中采用的是物端棱镜，为天空中各个区域拍摄的成千上万张照片都被仔细保存并认真研究。这项研究工作的结果，是有超过 35 万颗恒星的光谱清楚地呈现在我们面前。只要查阅一下 HD 星表（这是哈佛天文台编辑的世界上第一个记录恒星光谱的大型星表，1937 到 1949 年间出版了第一期星表的补表，使 HD 星表记录的恒星数目达到了 359,083 颗），便能够得知恒星的亮度和谱型（spectral class）。接下来，我们需要对“谱型”这一名词做个解释。

在所有已研究过的恒星的光谱中，除了少数例外情况，线的花样可以归纳为相连的序列。一颗等待研究的恒星的光谱几乎一定是这个序列中的一部分。将这些花样平均分开并标上任意字母 BAFGKM，然后将中间分成 10 等分。举个例子，我们研究发现，一颗恒星的光谱的暗线花样位于序列 BA 中间，那么这颗恒星的谱型就是 B5。这种表示恒星光谱的方法是由哈佛天文台创立的，被称为德雷伯分类法（Draper classification）。

在 B 型恒星光谱中，占据主导地位的是氦线。人们第一次在太阳光球中发现这种气体，因为在光谱中出现了从来没有见过的线。猎户座中位于腰带处的三颗恒星中的中间那颗就是氦星。

在 A 型恒星光谱中，最显著的是氢线，如天狼星、织女星的光谱。各种谱型的光谱中都含有氢元素，这一型的恒星都呈蓝色，暗线花样的连续从蓝色到红色渐次排列。

在 F 型恒星光谱中，都是带黄色的恒星，如北极星、南极老人星（Canopus）。它们的光谱中只有少量的氢线，但含有大量的钙、铁等金属线。

在 G 型光谱中，太阳代表恒星。它是一颗黄色星，光谱中有数不清的金属线。大角星则属于 K 型星，其光谱中的金属线比 G 型的更明显。K 型的末端以及 M 型中的红星，如猎户座中的参宿四和天蝎座中的心宿二，它们光谱中的宽带褶纹和许多暗线都显而易见。

上述便是光谱序的主要组成部分，此外还有大家都认可的 4 型星，但包含的恒星数目还不到全部恒星数的 1%。以前大家认为这一序列中，从蓝色星到红色星就能够代表恒星的发展史了。蓝色星表示幼年，如太阳一类的黄色星表示中年，而红色星表示老年，恒星会越来越红，也会越来越暗，最后彻底消失。不过，有一种新的学说认为，红色星中的一部分可以表示恒星的童年时代，当恒星逐渐衰老时，它会变黄、变蓝，最后再变成红色，进入老年时期。当然，关于恒星的演化，还有其他学说被不断提出。

恒星的温度

对于一块金属来说，热到呈现蓝色时，要比呈现红色时的温度更高，我们据此判断蓝色星的温度比红色星的温度高。相应的研究数据证明我们的判断是正确的，而光谱序确实体现了温度从高到低的变化。恒星光谱的检验不仅证实了这一结论，还测量出了各个光谱型的恒星的温度值。近几年，天文学家又测量出了恒星散发的热量。

我们在讲述太阳的那一节中说过，测量太阳的温度，可借助日光下的一盆水的温度升高情况来进行一些计算。显然，这种简单的方法无法计算恒星的温度。佩蒂特（Pettit）和尼科尔森（Nicholson）通过另一种方法得出了相同的结果。他们借助威尔逊山的 2.5 米望远镜，将恒星的光聚集在一个非常小的热电偶[1]上，然后通过电流计的偏转观察其热效应。通过这种方法可以测量出低于肉眼能见度几百倍的恒星的热量，他们也因此测出了恒星的温度。此外，他们还用这个方法测量出了行星和月球表面各个部分的温度。

---

1 热电偶（thermocouple）是温度测量仪表中常用的测温元件，它直接测量温度，并把温度信号转换成热电动势信号，通过电气仪表（二次仪表）转换成被测介质的温度。——编译者注

蓝色星的表面温度在10000℃到20000℃之间，甚至更高。黄色星的表面温度大约是6000℃，而红色星表面温度仅仅只有2000℃左右。然而，就算是温度最低的恒星，依旧是非常热的。

光球之下的恒星，随着深度的增加，温度也会迅速升高，中心温度可能高达千百万摄氏度。关于恒星发光的来源，大家的看法比较一致，都认为巨大光能来源于光球中心的热核反应，首先是氢聚变为氦，然后聚变为碳、氮、氧……一直到铁，才逐渐停止。

巨星和白矮星

恒星的“发光本领”（光度，luminosity）有着很大的不同，简言之，恒星之间的实际亮度是存在极大差异的。如果我们能够将恒星和太阳排列在同等距离的一个平面上，我们会发现，它们的亮度存在从太阳亮度的万分之一到几万倍的差异。事实上，天文学家测量的是恒星在某一标准距离上应有的亮度。在下面的内容中我们会详细介绍如何测量恒星的距离。

我们可以利用一张方格纸，在上面用一个点来表示在一个相当的地方已知其发光本领和谱型的恒星，图6–4就是我们绘制出来的“光谱光度简图”。其中，水平线自左到右表示的是各种谱型，从蓝色星到红色星；垂直线则表示恒星的实际亮度，以太阳的亮度作为基本单位，从下到上逐渐增大。

通过对图6–4的观察，我们可以了解，大部分恒星（包括太阳）分布在从左上角到右下角的斜线上，这就是“主星序”（main sequence）。沿着这条斜线往右，恒星的温度渐次降低，同时也变红、

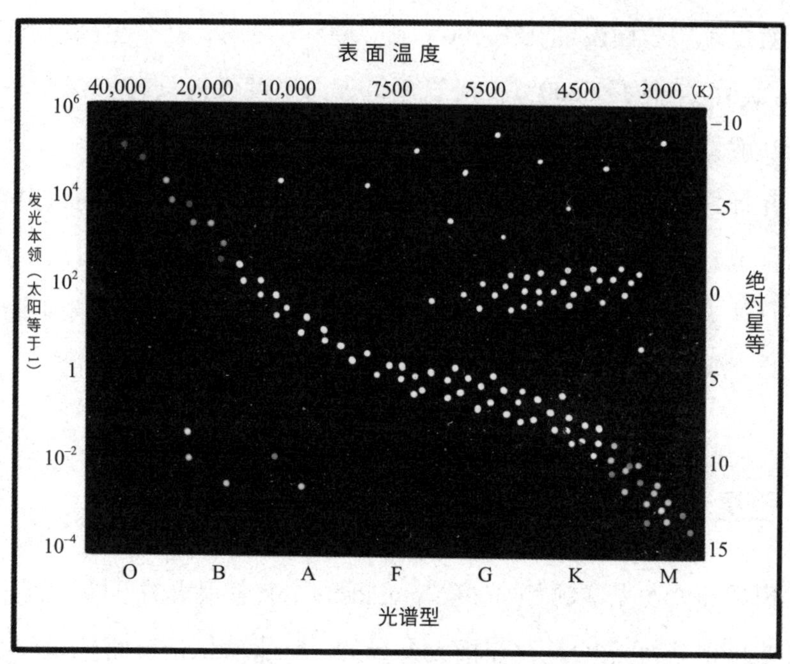

图 6-4 光谱——发光本领图解

变暗、变小。

主序星的上方是两个群点代表的星星，其中一个群点表示发光本领平均为太阳百倍左右的“巨星”（giant star），另一个群点表示发光本领比太阳亮数千倍的“超巨星”（supergiant star）。我们来认真看看某一特殊的恒星，如红色 M 型星。由于它们的颜色和表面温度都相同，因此它们表面每平方米的亮度也必然相同。对于 M 型星来说，任何一颗恒星的表面 1 平方米的亮度一定等于另一颗同型星上同样大小表面的亮度。巨星和超巨星的亮度是同型主序星的若干倍，所以它们的表面积也是主序星的若干倍，它们更为明亮的原因是体积更大。

图 6–4 的左下角还分布着一小群恒星，它们就是“白矮星”（white dwarf），其中最著名的是天狼星的暗弱伴星。由于白矮星的亮度只有主序星亮度的千分之一，它们的表面积同样也只有不到千分之一。不过，白矮星比主序星中红色星更亮一些，只是比红色星更小，这是由于白矮星每平方米亮度更大（不过与中子星相比，白矮星算是个子较大的恒星了，中子星是恒星演化晚期的产物，它是当前所知的宇宙中最致密的物质）。

恒星的大小

恒星的称量方法与行星的称量方法相差不大，同样是借助于它们施加在邻近物体上的引力。我们在前面已经介绍过，如果想要准确测定一颗没有卫星的行星（如水星）的质量是一件非常困难的事情。但是如果行星有自己的卫星，那么要解决这个问题就简单许多。同样的道理，想要测定一颗孤立的恒星的质量会是难上加难的事，因为恒星之间的距离太过遥远，所以很难观察到一颗恒星对另一颗恒星的吸引力。

幸运的是，天文学家通过望远镜观测恒星时，发现了数以千计的双星，而且大部分双星都是相互旋转的。分光仪也显出了许多更接近的双星。对于某些特定的距离而言，双星的公转周期越短，它们的质量和就越大。只要能测量出平均的分离距离和公转周期，就能计算出双星的质量和。甚至，有时还能够计算出双星中任意一颗星星的质量。

天文学家对双星的研究得出一个惊人的结果：恒星的质量大多比较平衡，从太阳质量的 1/5 到太阳的 5 倍不等，所有的恒星几乎都相等，而太阳的质量在其中属于中等。不过，太阳绝对不是有些人认知中的二流以下的星星，所以，我们有理由骄傲一下了。

在前文的讲述中，我们分析恒星的发光本领时，获得了一些关于恒星大小的数据。我们发现在主序星中以太阳为对比，更蓝一些的恒星就要大一些，更红一些的恒星则要小一些，白矮星小得多，巨星大得多，而超巨星则是最大的恒星。通过由图 6–4 所得的情形计算，我们也得出了上述结论，并且计算出了单颗恒星直径的大致准确值。如果想要用直接测量月球和行星直径的方法直接测量恒星的大小，是不太可能的，因为就算是使用最好的望远镜也无法显示出恒星真正的圆面。如果我们记住了这一点，那么一定会对天文学家的聪明睿智无比佩服，因为他们居然能够从点点星空中发掘出这么多有意义的东西。

从 1920 年开始，威尔逊山开始应用迈克尔逊（Michelson）式测量恒星直径的干涉仪。开始是将干涉仪连接在 2.5 米反射望远镜上，后来分离。虽然这种测量方法有些繁复，但测量出来的一些恒星的直径相当准确。通过测量得知，恒星心宿二的直径大约是 6.4 亿千米，第一颗被测量出直径的恒星是参宿四，大约是心宿二的 1/2。这些红巨星的体积都非常大，远超我们的想象。

恒星的质量大体相等，但体积却有着巨大的差异，因此它们彼此的密度也有着很大的不同。红巨星的物质分布非常稀薄，如心宿二的平均密度只有地球空气密度的 1/3000。

与红巨星相对的是白矮星，它们的物质分布非常致密，其密度大到令人不可思议。白矮星的大小与行星相似，但质量却可与太阳相提并论。天狼星的暗弱伴星的平均密度大约是水的密度的 3 万倍。有人推测，在非常高的温度下，这颗伴星中的原子无法完全存在，所以它的组成物质可能是地球上不存在的致密物质。

尽管有着似乎难以否定的证据，但想要得到所有天文学家和物理学家的认可依然很困难。实际上，大家都不相信天狼星的伴星的密度会是水的密度的 3 万倍，换言之，在这颗恒星中，即使是一个普通玻璃杯的材料也重达七八吨。如果没有充足的证据加以佐证，显然难以让人信服。根据相对性原理，非常致密的恒星的光谱中的线纹会朝着红方移动。在威尔逊山和利克天文台两个地方，天文学家已经发现了天狼星光谱中的这种移动。

变星

一般来说，大部分恒星的光辉并没有发生过变化。因此，当我们想到这巨大的能量是从恒星光球中流出，而且恒星内部的有效作用能够一年又一年、一个世纪又一个世纪地为光球提供能量时，一定会觉得非常诧异。不过，有些恒星的辐射能量会发生变化，这一类恒星被称为变星。我们将因食而变光的恒星放到后面详细介绍。

天文学家在 1596 年将鲸鱼座中的蒭藁增二定义为变星，这是第一颗被认为是变星的星。有时候只有通过望远镜才能观测到它，它的亮度类似于 9 等星；有时候，它又会变得非常明亮，即使肉眼也能看出它是一颗亮星。这种变化的周期大约是 11 个月。蒭藁增二是“长周期变星”（long period variable）的代表，这类星大部分是红巨星或者超巨星。其他红巨星，如参宿四，变光很小而且没有规律。而有些恒星的变光能够被部分预测到。

现在被人们讨论得最为广泛的一种星是“造父变星”（Cepheid

variable），它们的确有着非常大的价值，我们下一节中会重点介绍。“造父变星”的名字来源于仙王座 δ 星（Delta Cephei），它是变光的最初例证之一；标准的造父变星都属于黄色超巨星，它们的变光无论是在周期，还是在方式上，都有着规律性，尽管全部变星的周期排列起来在 1 到 50 天之间，但大半的周期都在一个星期左右。这些星星的变光不只在质和量两方面有变化，最亮时也要比最暗时高出大约一个全谱型。

并不是所有造父变星都与上述情况符合，甚至有一半不符合这样的标准。它们和其他恒星有许多共同之处，但也有巨大的不同。由于它们常出现在大球状星团中，因此又被称为“星团造父变星”（cluster-type Cepheid）。它们都是一些蓝色星，变化周期大约是 12 个小时。这些恒星中的任何一颗都不为肉眼所见。

一般设定造父变星（可能还包括其他真变星在内）的脉冲引起了这些恒星的光的变化，简单地说（也许真的是太简单了），这个学说认为变星是有规律地涨和缩。当内部热量比较多时，恒星会变得又亮又蓝；但恒星膨胀之后温度会降低，所以会变暗变红；等到恒星的温度降到最低，而且变得非常冷时，就会开始收缩。这样的脉冲一旦开始之后，便会持续一段比较长的时间。这个简单学说存在一个明显且难以马上解决的困难。那就是造父变星最明亮的时候事实上并不是最紧缩的时候，而是在之后的 1/4 周期时，那时它的膨胀程度很厉害。显然，这颗恒星的变光与恒星的本质有着密切联系。

恒星的演化

在将宇宙演化理论看得非常重要的时期，人们认为星云是宇宙中的原始材料，但是他们并不知道星云是怎么形成的。星云可能是最原始的混沌，后来逐渐衍生出了恒星、行星等天体。哲学家康德（Kant）在200多年前首先提出了星云假说（nebular hypothesis），他将星云定义为宇宙发展的第一个阶段，因为他觉得这是无法由其他物质发展而来的最简单形态。在康德的理论中，演化过程就是从简单到复杂。后来的学说大致也延续了康德的这种观点，其中最著名的是由拉普拉斯提出的，关于宇宙演化的星云假设（Laplace's nebular hypothesis），他专门研究了太阳系的演化过程。

一直到20世纪30年代，大家依然认为恒星是由明亮星云（如猎户座大星云）凝缩而成的，而且还觉得恒星的颜色代表着它们的不同年龄。最年轻的恒星热量最高，因此蓝色星是青年期；当它们逐渐冷却、凝缩之后，便成了中年期的黄色星，如太阳；等到老年之后，热量变低，这就是红色星。恒星的光渐渐变红变暗，最后光芒尽失。不过，这种古典的理论存在一定的缺陷，我们无法解释为什么冷的星云的第二个阶段是最热的星，但蓝色星和亮星云之间的密切关系显示出它们都很年轻，如昴星团中的蓝色星就处于星云之中。不过，我们已经清楚了解这种关系有了新的含义，星云是被附近的炙热恒星照亮的。

最初的星云演化学说遵循的是一条发展的路线，从稀薄的星云到致密而暗弱的恒星。不过，罗素在1913年提出，从蓝星到红星存在两支变化程序：一支包含比太阳更大更亮的巨星和超巨星，其中最巨大、最稀薄的是红色星；另一支包含较小的主序星（含太阳在内），这些恒星的颜色越红就越小越致密。为了解释这个新的论据，恒星演化的新学说也在被不断提出，并在其后广为流传。暗星云慢慢凝缩成恒星，最初是大的红星，温度很低，且表面每平方米的亮度也很低，但由于它们的体积很大，所以看起来就成了最亮的星。之后，恒星会慢慢在某个时期缩小，凝缩所产生的热量要大于辐射出去的热量。它们的温度越来越高，从红色逐渐变成黄色，然后又变成蓝色。此时凝缩变得缓慢，得到的热量小于释放出去的热量，恒星的温度慢慢降低，从蓝色慢慢变成黄色，再变成红色，最后不再发光。

两种学说都是以星云为开始，以暗星为结束，而且要点都是凝缩。当我们对这些学说进行研究时，需要考虑一下将来的某个时机是否会没有星云，而且所有恒星都会彻底消失。不过，我们需要注意，这是在讨论一个非常难以解答的先驱学说。宇宙的发展变化非常缓慢，所以难以追踪，我们并没有充分的证据能够证明恒星在不断地凝缩。

恒星的演化是一个漫长的过程，而且十分复杂。现在我们认为恒星的终极形态可分为三类：第一类，大质量恒星的燃料耗尽之后自己爆炸，碎片散落在各个地方，然后又慢慢聚集在一起，为将要产生的新恒星提供条件。第二类，超新星爆发之后，会将中心天体（中子星或者夸克星）遗留下来，散发出具有规律性的脉冲，这就是我们所熟悉的脉冲星。当休伊什（Hewish）和他的学生乔斯林·贝尔（Jocelyn Bell）第一次观测到这些脉冲时，还曾认为这是外星人传递出来的信号。第三类，发生引力的进一步坍缩，形成恒星级别的黑洞。这也是目前天文学界的热门话题之一。

新星

在所有的星辰，乃至一切天体现象中，最引人注目的就是新星（nova）。“新星”并非指新形成的星，而是表面始终非常暗弱、与大多数恒星一样永恒的星，在我们不知道原因的情况下突然炸裂。在几个小时内，它们从不可见一下子变得明亮无数倍，当它们的亮度达到顶峰时，可以与最明亮的恒星相提并论；就算在数量稀少时，也比得上最亮的行星。此后，它们渐渐变暗，最后缓缓沉入黑暗中。

1572 年，最美丽的新星出现在了仙后座，人们常将它称为“第谷星”（Tycho's star）。因为它是由天文学家第谷（Tycho）首次观测到的，尽管第谷并不是第一个发现这颗新星的人。第谷星的最高亮度和金星的亮度相同，之后逐渐变暗，大约 6 个月后彻底消失不见。蛇夫座中的“开普勒星”（Kepler's star）的亮度非常高，甚至超过了木星的亮度。开普勒星发现于 1604 年，肉眼可见的时间长达一年半，但当时还没有望远镜可以对它进行持续的观测。

20 世纪初期，天空中出现了 4 颗非常亮的新星。首先是 1901 年英仙座中的新星，它看起来比五车二更亮；然后是 1918 年天鹰座中的新星，它是 300 多年来最亮的新星，比除了天狼星外的所有恒星都亮，亮度在两三天之内增加将近 5 万倍；第三是 1920 年天鹅座中的新星，它的亮度类似于天津四的亮度，位于天鹅座的大十字顶端；最后是 1925 年绘架座（Pictor）中的新星，它最亮时达到了 1 等星的亮度。

以上这些都是突然出现的明亮新星，不过，还有许多新星在其最亮时也不为肉眼所见，而有一些只能借助于摄影才能发现。显然，还有许多人们没有发现的新星。有人推测我们周围的恒星中，每年至少会出现 20 颗通过小型望远镜才可以观测到的新星，而银河系之外还存在着无数颗新星。

总之，新星并不是罕见之物，大概每颗恒星在漫长的生命过程中都会拥有这样特别的炸裂时刻。然而，只要想到我们的太阳也许有一天也会如此，那将会更加有趣。当然，这种事情的发生对于地球上的生物会是一场大的灾难。我们难以想象平时温顺的恒星会发生这样的炸裂。通过望远镜、分光仪以及摄影照片，天文学家得到了许多关于这种现象的资料。我们认为，新星伴随着恒星的死亡而出现，这是由引力坍缩导致的。当恒星在晚期无法向外释放充足的能量时，引力开始发挥巨大威力，通过各种剧烈的物理变化释放出巨大能量。

我们现在已经把所知道的恒星的各种特点进行了一番考察，我们可以对本节标题所包含的问题做一个简单总括的回答了。什么是恒星？有位诗人曾写下这样一首小诗：“小星！小星！眨眨眼睛，我们真惊奇，你是什么东西？”诗人仅用文字表达出了惊奇。而天文学家在惊奇之余，还要努力去探索其中的奥秘，当然，这也是他们难以推卸的责任。我们已经看到了他们在短期内的探索成果，这是值得肯定的。

恒星是宇宙能源的储存器，也是大自然建造复杂工程的砖瓦。它们都是由炽热的气体组成的球状物，其中各个恒星所含的气体的量相差并不大，不过体积却有着巨大的差异，它们按直径排列可以从白矮星的几万千米一直到红色超巨星的几亿千米。白矮星的重量是水的几万倍，而超巨星的重量却只有空气的几千分之一。恒星中心，密度极大，温度也高到超乎人们的想象。有些恒星变光，让人联想到脉动，而有些恒星会炸裂。这些就是所谓的恒星。

中子星

假如白矮星的密度大到让你觉得不可思议，这里还有让你更加惊讶的。我们下面要介绍的就是一种密度更大的恒星——中子星。中子星的密度大约是 10^{11} 千克 / 立方厘米，也就是说，中子星每立方厘米的质量高达 1 亿吨！而白矮星每立方厘米的质量大约是几十吨，相比之下似乎不值一提。实际上，中子星的质量如此之大，半径 10 千米的中子星的质量大约等于整个太阳的质量。

中子星和白矮星一样，都处在恒星演化过程中的后期阶段，并在老年恒星中心渐渐形成。不过，能够形成中子星的恒星，其质量得足够大。通过计算得知，当老年恒星的质量是 10 个太阳的质量时，这颗恒星就有可能变成中子星，而质量小于 10 个太阳的恒星通常只会变成白矮星。

不过，中子星和白矮星的主要区别并非只是形成它们的恒星的质量差异，而是它们的物质存在形态完全不同。简而言之，尽管白矮星的密度很大，但依然属于正常物质的密度范围——电子以电子形式存在，原子核以原子核形式存在。而在中子星里，物质受到的压力非常大，白矮星中的简并电子压无法承受，于是电子被挤压到原子核中，与质子结合在一起形成中子，导致原子核中的物质仅余中子，而几乎整个中子星都是由无数个这样的原子核一起构成的。因此，我们也可以将中子星称为巨大的原子核（除了表面的壳之外）。

在形成过程中，中子星与白矮星也非常相似。当恒星外壳膨胀时，反作用力促使恒星核收缩，在巨大的压力及由此导致的高温下，恒星核会发生各种复杂的物理变化，逐渐演变成中子星的内核。而整个恒星将以一次相当壮观的爆炸来结束自己的生命，人们将这种现象称为“超新星爆发”。

中子星的表面温度大约100多万度，辐射出X射线、γ射线和可见光。中子星的磁场非常强大，促使极冠区沿着磁场方向不停地放射无线电波。中子星的自转速度非常快，每秒钟可达好几百圈。由于磁极和两极一般是不吻合的，所以如果中子星的磁极正好对着地球，那么中子星随着自转发射出的电波会像旋转的灯塔一样数次扫过地球，从而产生射电脉冲。我们将这样的天体称为“脉冲星”。

黑洞

1968年，美国物理学家惠勒发表了一篇题为《我们的宇宙，已知的和未知的》的文章，并在文章中第一次提到“黑洞”一词。他不愿意使用“引力坍缩物体”这个专业烦琐的词语，所以创造了“黑洞”这个简洁又具有概括性，而且非常响亮有力的名词。所谓黑洞，指的是有这样一种天体：它的引力场强大，就算是光都无法从其中逃脱。根据广义相对论，引力场能够使时空弯曲。如果恒星的体积非常大，它的引力场对时空造成的影响很小，从恒星表面某一点发出的光线可以朝着各个方向沿直线射出。相反，恒星的半径越小，它的引力场对周围的时空弯曲作用就越大，向着某些方向射出的光线会沿着弯曲时空再次返回到恒星表面。等恒星的半径小到一定程度时，垂直表面发射的光线都会被捕捉到，此时的恒星就变成了黑洞。

一颗恒星渐渐衰老时，热核反应几乎将中心的燃料（氢）耗尽了，此后能够产生的能量就非常少了。如此，恒星的力量已经无法撑起重量巨大的外壳，外壳在重压之下会导致核心坍缩，最后形成一个密度大、体积小的星体，再次与外壳的压力相平衡。

质量比较小的恒星主要转化成白矮星，而质量比较大的恒星则慢慢形成中子星。根据计算，我们得出中子星的质量不会超过太阳质量的三倍，如果超过了这个值，将没有什么力能抵消自身的重力，从而导致再次大坍缩。

这一次，物质将会毫无阻碍地朝着中心点发展，最终成为一个体积接近零，而密度无限大的“点”。当它的半径缩小到一定程度时（史瓦西半径），巨大的引力就会将所有的东西困在里面，哪怕是光线也无法射出，从而使得恒星与外界失去联系，黑洞就此形成。

黑洞是所有的天体中非常特殊的一种。例如，我们不能直接观测黑洞，只能凭借想象力猜测它的内部结构。根据广义相对论，引力场会使空间弯曲。此时，尽管光在任意两点之间依然沿着最短距离传播，但路线已然不再是直线，而是曲线了。

由于地球上的引力作用较小，因此弯曲的程度几乎不被察觉。但是，在黑洞周围，空间扭曲却非常严重。于是，即便恒星发出的光被黑洞挡住，一部分会被黑洞吸收，可另一部分还是会通过弯曲的空间到达地球。因此，我们很容易就能观测到黑洞背面的星空，好像根本不存在黑洞一样。人们将这种现象称为黑洞的隐身术。

那么，天文学家如何才能发现黑暗而渺小的恒星级黑洞呢？当巨大恒星坍缩形成黑洞时，尽管所有的物质都消失了，但强大的引力依然存在，不会消失。因此，如果一个黑洞与一颗亮星构成了相互绕转的双星系统，那么黑洞的强大引力不仅能促使亮星移动，还可以将亮星中的物质吸进，然后炸裂成碎片。这些碎片的温度高达10亿摄氏度，将会向外散发出强烈的 X 射线。如此，寻找黑洞的问题就转化成寻找 X 射线源了。

X 射线双星有两种类型：一种是大质量 X 射线双星（massive X–ray binary，MXRB），由比太阳质量还大的亮星或者中子星与黑洞一起构成；另一种是软 X 射线暂现源（soft X–ray transient，SXT），或 X 射线新星。当致密天体吸收亮星物质时，X 射线的强度会剧增百万倍。随着物质输送速度的减慢，在 6 个月到 1 年的时间内，X 射线强度也会逐渐降低，双星系统在这之后也逐渐恢复平静，平静时期大约能维持 10 年之久，但在可见光或者红外波段依然可观察到亮度的变化，这是 X 射线束使致密天体周围的吸积盘外面的区域发热发光造成的。

对于能够看见两颗恒星的双星系统来说，通过测量它们的可见光谱线的红移和蓝移，我们能够确定视速度的变化以及双星相互绕转的轨道周期，由此确定它们的质量。虽然现在我们无法测定不可见天体的光谱，但幸运的是，我们可以借助一个质量函数推测不可见天体的质量范围。

恒星的距离

我们在“太阳系的比例尺”（第 173 页）一节中，已经对测量天体距离的原则进行了介绍。我们将地球半径作为基线标准，或者通过地球表面两个点之间的连线，测量月球行星及相邻的天体。但是，如果想要测量恒星之间的距离，这样的基线就太短了。因此，我们常常将地球公转轨道的半径作为基线，或者将连接地球轨道接近两极处的线作为基线，以此测量恒星之间的距离。随着地球从轨道的一边移动到另一边，恒星位置的移差还是几乎小到无法测量，要想得出足够准确的测量结果，需要对恒星进行比较。

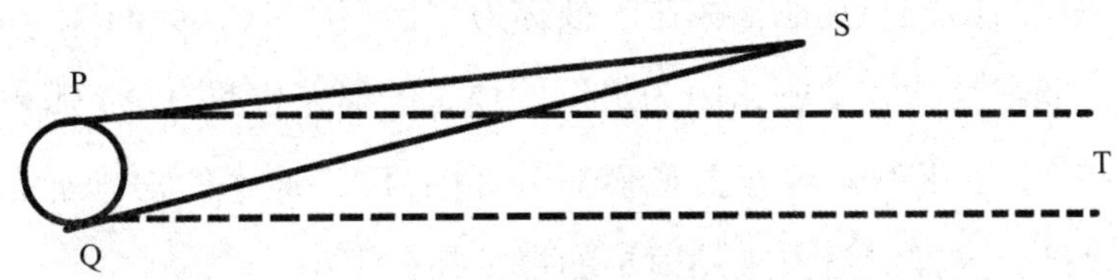

图 6–5　恒星视差的测量

图 6–5 中，左侧的小圆圈表示地球公转轨道，S 表示恒星，且设定为距离地球比较近的恒星；虚线表示距离地球比较远的恒星 T 的方向。当地球在其轨道一边，即上方的 P 点时，我们测量出两颗恒星之间很小的角 SPT，在我们看来是这个角把两颗恒星分开了。当地球移动到对面，也就是位于轨道下方的 Q 点时，我们测量出两颗恒星之间的 SQT 角。现在我们已知最远恒星的距离，应用三角计算方法将两个角度的差除以 2，就能得到恒星 S 的视差了。确切地说，这仅仅是观测到的相对视差。因为更远的那颗恒星会缓慢移动，如果在计算过程中考虑到这样的移动，最后得出的就是绝对视差。

事实上，对一颗恒星的方向只观测两次是远远不够的，恒星看起来虽然静止不动，但它们实际上都在高速运动着，方向也在不断发生变化。如果通过望远镜观测比较近的恒星，这种“自行”（proper motion）状况会更加明显。因此，对于相隔 6 个月的两次观测来说，我们无法确定得出的移差中该恒星的自行占了多大的比例，又有多少是由于我们观测位置的改变造成的视差。为了对这两点有清楚的认知，观测时间必须持续两三年以上。

摄影法是现代测量视差常采用的方式。将一架长望远镜对准包含了想要观测的恒星的区域，然后让底片在望远镜焦点位置曝光。等到 6 个月后，再对这个区域进行拍照，根据其他较暗且大致较远的星来确定这颗恒星的位置，其他星在这时被称为“比较星”（comparison star）。这项工作非常精细和缜密，因为最近的恒星的移差也只有 1.5 弧秒。这类似于在 3.2 千米的距离外去观察一个直径为 2.5 厘米的物体所形成的对角。大部分这样测量出来的恒星的视差都会更小。

当确定了恒星的视差之后，要计算出这颗恒星的距离就很容易了，接下来要解决的只是如何表示这个数字。如果想要以天文单位数（地球和太阳之间的平均距离）来表示这个距离，只需要用视差除 206,265 即可。长期被认为是最近的恒星的半人马座 α 星，视差大约是 0.76 弧秒，因此它的距离是太阳的 27 万倍，即 40 亿千米。这个数字太大，也不便于书写，因此天文学家定义了一种更大的单位——光年或秒差距（parallax second）。

光年是指光在一年中所经过的路程。如果以千米为单位来表示，光每秒走过的距离是 299,792 千米，将一年所有的秒数（大约是 3,160,000 秒）乘以这个数，得出的就是光一年走过的路程，约 9.5 万亿千米。

秒差距是指视差等于 1 弧秒的距离。实际上，任何一颗恒星与地球之间的距离都不会这样近。将视差除 1 便得到了用秒差距表示的距离。半人马座 α 星的距离大约是 1.3 秒差距。1 秒差距大约是 3.25 光年，半人马座 α 星的距离大约是 4.3 光年。

其实最近的恒星并非半人马座 α 星，而是比邻星（Proxima Centauri），它比 α 星要近大约 3%，与太阳之间的距离大约是 4.17 光年。比邻星是一颗能够通过望远镜观测到的 10 等星，距离半人马座 α 星大约 2° 多一些，与那颗亮星之间可能存在着物理联系，而且恰好对着我们，在依远近进行排序的恒星表中的第 3、第 4、第 5 颗恒星也可以通过望远镜观测到。如果在我们不知道恒星的亮度有着巨大差异的情况下，这最近的五颗恒星中，竟然有四颗是肉眼不可见的，这不免令我们感到惊讶。

恒星表中排名第六的是天空中最亮的星星——天狼星，它与地球的距离大约是 8.8 光年。它之所以这么亮，一部分原因是距离比较近，另一部分原因则是本身的光辉非常明亮，达到了太阳亮度的 26 倍。最明亮的恒星中还有四颗恒星的距离不足 30 光年，由近到远依次是北落师门、织女一、河鼓二、南河三。

在测量附近恒星距离的过程中，直接视差测量法是非常有效且有着重要意义的。通过这个方法大约求出了 2000 多颗恒星的视差。不过，随着距离的增加，这种方法的准确性逐渐降低；当距离增大到 200 光年之外时，地球轨道两边我们所能看见的恒星方向的变动会小到即使是最好的望远镜也无法确切观测出。如果说是因为我们选择的基线比较短，那么，我们是否可以选择更长的基线呢？如果认真研究起来，这会是一件有趣的事，天文学家在冥王星上（冥王星的轨道大约要比地球轨道宽 40 倍）能够通过直接视差测量法测出 8000 光年的路程。不过即使是如此遥远的距离，在宇宙空间中也只是微不足道的一步而已。

太阳的运动

我们需要定义一条更长的基线，这样才能方便测量更远处的恒星方向的变动情况，这也引出了一个重要问题：地球是否会将我们带到环绕太阳之外的某一个地方去呢？读者早已经知道了这个问题的答案，但为什么更长的基线还是无法用来测量更远恒星的距离这件事，却不见得人人都能想明白。

300 多年前，天文学家通过长期观测，发现恒星并非静止不动，而是在空间中不停地运动着。这一结论最终由哈雷进行了证明。1718 年，这位通过发现彗星而让人们熟知的天文学家观测到一种现象，从托勒密制定出恒星表以来的1500年中，有几颗亮星的位置确实发生了变化，它们的移动量大约等于月球的直径。既然恒星一直在运动，而太阳又是恒星之一，那么太阳对于周围的恒星而言也一定是处于运动之中的。

1783年，威廉 · 赫歇尔首先测定了太阳移动的方向。他推断，假如太阳（包括全部的行星系统在内）是沿着直线在运动，那么恒星看起来就是朝着相反的方向移动。恒星的这种“视差动”（parallactic motion）会和它们的自行混合在一起。但总的说来，在我们面前的星会从我们运动方向那一点向着四周运动，而在我们背后的星则会向着相反的一点聚集合拢。赫歇尔认为，将前面所说的那一点，也就是所谓的“太阳向点”（solar apex）放到武仙座中，这一点离天琴座中的织女一较近；而以后的研究也把这一点放在了那附近。

通过恒星的视向后运动，我们能够知道太阳的运动方向，但却无法得知太阳运动的速率。这个问题需要运用分光仪进行回答。我们知道恒星的光谱是一条彩带，上面常分布着许多暗线。根据多普勒提出且后来经过斐索（Fizeau）补充的原理可知，光谱线让我们明白恒星在视线中是如何运动的。如果光谱线向紫色一端移动，那么就是恒星相对靠近；如果光谱线向红色一端移动，则是恒星在后退。随着恒星运动速率的提高，移动的距离也会增加。

太阳系运动方向的那片区域中的恒星显然都会以最高速度靠近我们，而天空中相反方向的恒星也似乎都在以最高速度后退，与我们之间的距离越来越远。根据对恒星光谱30年的研究结果，以及由利克天文台天文学家整理出来的结果，我们对太阳运动及其运动速度有了进一步的认识。

对于我们周围的恒星来说，太阳系向着空中十分接近武仙座O星的一点运动，运动速度大约是每秒 19.8 千米。对于这些恒星来说，地球是在螺旋线中运动，不只是绕着太阳运动，还促进着太阳的前进运动。

在追随太阳的运动中，地球带着我们经过比它的轨道远一倍的路程。全部的恒星向后移动的量都比它们由于地球绕着太阳运动而发生移动的量多一倍。如此算来，一个世纪就是 200 倍。猛然间看过去，太阳向着武仙座运动而形成的基线仿佛可以满足我们的要求，用来测量恒星之间的距离。但恒星的距离决定了视差移动，而借助于视差总量能够确定距离的大小。不过遗憾的是，我们并不清楚在平时观测到的移动中，视差移动有多少，而恒星本身的移动又有多少，故而这个方法并不能确切量度出恒星的距离。这个方法在单颗恒星中也不适用。

恒星的绝对星等

正如我们所观测到的，恒星在光度方面有着巨大的差异。如果恒星的实际亮度是相同的，也就是说，它们在相同的距离上有着同等的光明，那么天体的距离就会成为一个简单的问题了。我们先根据这个假设分析一下两颗视亮度有差异的恒星。较暗的恒星距离一定比较远，因为观测到的一光点的亮度与其距离的平方是反比关系，所以我们很容易得到与较亮的恒星相比，较暗的恒星的距离是多少。不过，我们知道恒星的亮度是不同的。我们的问题就变成下面这个：如果我们不知道一颗恒星的距离，是否能够得知它的绝对星等（absolute magnitude）。假如答案是肯定的，那么我们很容易借助绝对亮度和观测亮度之差求出恒星的距离。最近的研究结果让这种方法具备了可行性。在此之前，我们先来认识一下什么是“视星等”（apparent magnitude），什么是“绝对星等”。

大约2000多年前，古代天文学家将肉眼可以看见的恒星划分为6等，并根据恒星的亮度大小依次排序。1等星包括了20颗最明亮的星；接着是不在最明亮之列，但仍然比较显著的2等星（包括北斗七星中的六颗星星）；以此类推，一直到6等星，这是肉眼能看见的最暗的恒星。这就是恒星的“视星等”，指的是人们观察到的星的亮度。

望远镜发明问世之后，星等的范围得以扩大，一直延伸到望远镜能够观测到的暗星。就算是暗到21等星，也可以通过2.5米的望远镜观测到。分等的方法也更为精确，两个星等之间的准确比例为2.512倍。因此1等星的亮度大约是2等星亮度的2.5倍。由于有几颗恒星的亮度太高而必须重新编等，例如织女星就成为0等星，而天空中最亮的天狼星是–1.6等星，太阳是–26.7等星……

上面讲到的是肉眼可以直接看到或者通过望远镜能够观测到的“目视星等”（visual magnitude）。如果两颗恒星的目视星等相同，但颜色却不同，那么在照相底片上通常红色星会比较暗。“照相星等”（photographic magnitude）不同于目视星等，特别是在红色星部分。此外，根据使用工具的不同，星等系统也会有所不同。

绝对星等是指1颗恒星在恰好10秒差距处，它的视差是0.1弧秒所对应的星等。这样一来，心宿二的绝对星等就是–0.4，天狼星的绝对星等是+1.3，而太阳的绝对星等是+4.8。就10秒差距的标准区域而言，心宿二将相当于最亮时的金星，天狼星等同于一颗1等星，而太阳则等同于一颗暗星。

通过简单的计算可以知晓，假如太阳在20秒差距之外（大约是1等星毕宿五的距离），我们以肉眼将无法看见它；假如太阳在6300秒差距或者 2 万光年之外（大约是武仙座球状星团一半多的距离），哪怕是用最好的望远镜也无法观测到。

如果想要测量那些超出了直接视差观测范围的天体的距离，现代采用的方法是确定天体的绝对星等。而对于确定还不知道其距离的遥远恒星的绝对星等，以我们现在所知有两种方法：一种是对恒星光谱进行特殊研究，另一种则是利用造父变星进行观测。

利用分光仪测量恒星的距离

我们所熟知的分光仪的主要用途是分析光谱，几乎没有人会把它和测量恒星的距离联系在一起。直到 1914 年，威尔逊山天文台的天文学家发现，通过光谱中的某些线纹可以考察恒星的绝对星等。同时，包括这个天文台在内的多个天文台计算出数以千计的恒星的分光视差（spectroscopic parallax）。

我们在前面对光谱序进行讲述时说过，从蓝星到红星的次序变化会随着恒星表面温度逐渐降低而出现。就如铁的沸点要远远高于水的沸点一样，在不同的温度中，恒星大气中的各种化学元素能够最有效地吸收对应的特殊线纹花样。因此，花样会在光谱序中发生变化。由于同谱型的恒星表面温度几乎相等，在光谱中的线纹花样也就相差不多。

此外，压力也是一个重要条件。就如同当压力减小时（如山顶之上），水的沸点就会降低一样，当压力比较小时，化学元素也能在较低的温度下显示其光谱线。某一谱型中的恒星的表面压力如同图 6–4（第 224 页）所示，是随着恒星发光本领的升高，向着更大的恒星发展而降低。如果需要维持同一个线纹花样，温度也就要逐渐降低。因此，少见的红巨星的温度会低于主星序中的红色星。

并不是所有化学元素受到这种温度和压力调和的影响都相同，一方面因为花样相差不多，另一方面也因为线纹在增强或者减弱上的差异。这就是上述方法建立的关系基础。当我们对一个恒星光谱中的纤维的敏感程度有所了解，便能知道这颗恒星的绝对星等，从而推测出这个恒星的距离。

造父变星的距离

通过我们前面的讲述，应该很清楚造父变星是有规律性的变光星，其变光周期在几个小时到几个星期之间，主要分为星团造父变星和标准造父变星，前者的变光周期大约是 12 个小时，是蓝色星；而后者的变光周期大约是一个星期，是黄色超巨星。它们的变光程度大约都有 1 星等。随着亮度的变化，造父变星的颜色也会发生一定的变化。我们都认可它们属于脉冲星，但我们接下来要讨论的是它们的价值，这与所有涉及它们变光原因的理论没有任何关系。造父变星通过变光周期和绝对星等间确定了的关系，在研究宇宙方面有着非常重要的作用。

哈佛天文台的勒威特女士（Ms. Leavitt）在 1912 年首先注意到这种关系，她在对小麦哲伦星云（我们会在下一章介绍这个由遥远的恒星聚集起来的新团）的造父变星进行研究时，发现随着造父变星的视星等的变化，变光周期也会发生变化。因为与星云到我们的距离相比，星云中的造父变星之间的距离之差要小得多。所以，这些造父变星的视星等的关系，与它们的绝对星等之间的关系相似。几年之后，夏普利（Shapley）对这种关系进行了更加透彻的研究。他画了一条曲线表示造父变星变光周期随着平均绝对星等发生的变化。平均星等（average magnitude）指的就是一颗恒星在最亮时和最暗时的平均等次。

假如造父变星的变光周期是 12 个小时，它的平均绝对照相星等就是 0；假如变光周期是 24 小时，平均绝对照相星等就是 –0.3；假如变光周期是 10 天，平均绝对照相星等就是 –1.9；假如变光周期是 100 天，平均绝对照相星等就是 –4.6。这就是夏普利描绘出的曲线中的几个例子，它们能够应用在任意位置的造父变星上，无论造父变星的距离有多远，进行计算的方法都会非常简单。首先我们需要找到一颗符合上述特点的造父变星，然后每夜持续对它进行观察，测定出它的变化周期。接着，在曲线中找出与它相当的绝对星等，再从观测中确定它的平均视星等，最后根据这两个数据计算出它的距离。

这个方法首先是需要寻找到造父变星，不过这样的造父变星并不多见，100 万颗恒星中可能只存在一颗恰好符合那条曲线的标准造福变星。幸运的是，黄色造父变星是超巨星，而且属于最亮的一类恒星，即使它在遥远的地方，甚至百万光年之外，我们也能够发现。这些超巨星位于银河系中的各个部分，不仅存在于本系边缘的球状星团中，也存在于银河系之外的其他星系中。无论在什么地方寻找到造父变星，天文学家都能测量出它的距离，进而确定它所属的大团体的距离。

在确定距离这个问题上，球状星团中的造父变星同样有着重要的作用。对于造父变星中的较短周期来说，夏普利的曲线可以作为绝对星等 0 等处的水平线。这个值表示这一类所有的变星，要确定它们的距离甚至比前面所说的方法还简单一些。借助于造父变星以及其他确定绝对星等的方法，天文学家得以研究恒星系统以及更遥远的其他星系，而且研究的精密程度也是前人无法想象的。

恒星系统

在选择和自己一起进行长途旅行的伴侣方面，恒星与人类有些相似。有些恒星会按照自己的线路独自前行，运动速度不变，也不会受其他恒星的影响；有些恒星则成双成对地运行，或携手并肩，或相互绕转，这种情况被称为“双星”（binary star）。也有一些恒星聚集在一起，形成小群体，它们便是“聚星”（multiple star）；还有一些恒星会集结成大部队，这就是“星团”（cluster）。然而，无论恒星是以独行侠的姿态游走，还是结伴同行，它们始终都被包含在星辰社会中的各个区域内，即所谓的“星云”（nebula）或“星系”（galaxy）。天体的主要特征正是群居，接下来我们就对恒星聚集成的各种系统进行一番研究。

目视双星

北斗七星的勺柄中间有一颗恒星叫作开阳（Mizar），这是一颗著名的双星。即便是通过较小型的望远镜，也会发现它有两颗亮度不同的恒星。这一情况早在 1650 年就有了相关记录。此后，又出现了一些用肉眼看是一颗，但通过望远镜观测才发现是两颗星星的情况。不过，当时并没有人去深究这种情况发生的原因，也几乎没有人对此关注。当然，我们可以想象，在天空中的许多星星中，常存在两颗相距很远却几乎位于同一方向的星星，所以看起来像是一颗。不过，我们通过计算得知，这种“光学双星”（optical binary）与观测到的双星相比而言非常少。因此，许多双星可能真的是连在一起，而非我们眼睛的错觉。双星之间的角度越小，它们之间存在物理联系的概率就越大。通过望远镜观测到的双星被称为“目视双星”（visual binary）。

多数目视双星都并排运行，少有相互绕转着运行的情形。其他星系却存在着相互绕转的情况，如地球和太阳，但它们之间的距离和旋转周期都要大很多。小马座（Equuleus）中的 δ 星就是以不到 6 年的最短周期闻名，它的两颗恒星之间的距离要小于木星到太阳的距离。半人马座的 α 星也是其他旋转系统的例子，周期大约是 80 年，两者之间的平均距离要大于天王星到太阳的距离。还有北河二，双星相互绕转的周期大约是 300 年，两者间的平均距离大约是冥王星到太阳距离的两倍。事实上，北河二是最早被发现具有绕转特征的双星。1803 年，威廉·赫歇尔就发现了两颗恒星之间的连线，根据 100 多年前布拉德利的记载可知，它们的运动方向确实发生了改变。这个发现有着非常重要的意义，因为先前的天文学家——包括赫歇尔在内——都仅仅把通过望远镜发现的双星看作视双星，直到此时才发现，其中有一些是实际的物理系统。也就是说，从此以后，天文学家开始寻找和研究目视双星，并不停地扩展这项工作的范围，一直延伸到南天极区域，那里是早期观测者无法全面观测的地方。

利克天文台的艾特肯（Aitken）是公认的研究目视双星的权威人士，他对通过望远镜能够观测到的9等以上的所有恒星进行了仔细的研究。他独立担负了这项工作的大部分内容，到1915年时，已经完成了对4300颗目视双星的观测。1932年，艾特肯发表了距离北极120°以内的区域中的已知目视双星表，其中包括17000多颗目视双星，他推测平均18颗9等星之上的恒星中就有一颗双星，而且对南天的观测同样符合这个推论。

在用望远镜对双星进行观测时，通常要用测微计（micrometer）替换目镜。测微计中有一蛛网，可以在移动的视野中保持自身的平行，也可以旋转，都是使用精密的标尺做量定的。在观测过程中，通过测微计测量出两颗星星的分离角度和比较暗的星星（较亮星的伴星）的方向。当伴星绕转一整圈或绕转的路程已足以表示其余之后，就可以开始计算轨道的长度。相对轨道包含了七个要素，如大小、偏心率、交角等，接下来就可以测定其轨道。但是根据这些，常常无法得知对着我们的是轨道的哪一边。这些轨道相对于天空平面的交角是不同的，大致说来，它们都是比行星的公转轨道要扁一些的椭圆形。

大犬座中的天狼星和小犬座中的南河三是所有目视双星中最值得关注的，它们都是距离我们比较近的恒星，与我们的距离分别是约8.8光年和10.4光年，存在着明显的恒星间的运动。许多年前，天文学家就发现这两颗恒星的运行路线不是单独星所具有的直线，而是波浪状的曲线，这表示它们都拥有一颗比较暗的伴星，一边绕着它们旋转，一边向前运行。就如海王星或冥王星一样，在还没有发现这两颗星的暗伴星之前，人们就已经知道它们的存在了。1862年，通过望远镜第一次观测到了天狼星的伴星；而南河三的伴星直到1896年才被发现。

分光双星

正如很多用肉眼看来是一颗恒星，而通过望远镜观测才发现是两颗一样，还有许多星星，就算用最好的望远镜观测也只是一颗，但分光仪却可以将它分开。除非绕行的轨道平面对着我们，否则那颗恒星会有时靠我们很近，有时又距离我们非常远。当恒星靠近我们时，光谱中的线纹会向紫色一端移动；当它远离我们时，线纹又移向红色一端。这种现象就是著名的多普勒效应。假如不能用地球公转来解释一颗恒星光谱中的线纹有规律地来回移动，那么这颗恒星就会被归为“分光双星”（spectroscopic binary）一类；而往返移动的周期就是双星的回转周期。假如伴星也有相同的亮度，它的线纹也会出现在光谱中。假如两颗恒星属于同一谱型，那么光谱中会出现以相反的情况来回移动的相似花样，所以当它们两者相重叠的时候，线纹有时是双的，有时却是单的。

我们在前文中提到的北斗七星中的开阳是一颗奇特的星，它既是目视双星中第一颗被发现的恒星，又是第一颗被发现的分光双星。1889年，哈佛天文台首先观察到，这对目视双星中较亮一颗的光谱在一些照片中是重复的，而在另一些照片中又是单独的。不过，通过望远镜无法将这两颗星区分开来。它们相互绕行一周的周期大约是 20.5 日，它们之间的平均距离略大于天王星到太阳之间的距离。

天文学家同时还找到了 1000 多颗分光双星，其中有几颗非常明亮的恒星，如五车二、角宿一、北河二等。五车二由两颗亮度相似的黄色星组成，周期大约是 102 日。角宿一由两颗相距比较近的蓝色星组成，它们的旋转速度分别是每秒 130 千米和每秒 210 千米，周期大约是 4 天。通过望远镜观测到的北河二的一对星，每颗都是分光双星，肉眼看起来是一颗星，实际上却是四颗星。这种双星变化多端，有的几乎相连，周期仅有几个小时；有的好几个月才能旋转一周，通过未来的大型望远镜观测，它们可能成为目视双星。

有许多双星的光谱中，有三条暗线不会随着其他线纹移动，这些就是夫琅和费光谱线中紫色部分的 H 钙线和 K 钙线，以及黄色部分的双 D 钠线。有些人认为在星光来到地球的过程中，空间中的极稀薄气体将这些暗线吸收了。

双星的数量是非常庞大的，大约每四颗恒星中就存在一颗双星或聚星。一些天文学家甚至认为，像太阳这样的单个恒星是非常少见的。在我们对恒星的本质有了完美的认识之后，可能就会明白为什么会有如此多的双星。双星形成的分体学说被大家广泛关注，这个学说指出，在高速旋转的影响下，一颗恒星会分离成两颗。甄思还提出，造父双星的脉动也是在分离过程中形成的。当两颗恒星分体之后会成为距离接近的分光双星。在浪潮的引力下，双星的分离程度和旋转周期会加快，但不一定能够增加到目视双星那样远。

对于这些观点，我们先不做定论，双星系统最主要的价值是可以测量出恒星的质量，而且目视双星在这方面的计算方法非常简单。我们用以秒为单位的视差的立方乘以以年为单位的周期的平方，然后除以以弧秒为单位的两颗恒星间的平均距离的立方，这样就能得到两颗恒星的质量之和。不过，这种质量的单位只能用太阳质量来表示。我们在前文说过，单个恒星的质量与太阳的质量相差不大，假如我们把太阳的质量当作双星质量之和（根据双星的种类有所增减），然后计算出双星的视差（又被称为力学视差），就可以得出相当精确的距离。

食双星

当分光双星以轨道边对着我们，或两颗星之间的距离非常近时，就被称为“食双星”（eclipsing binary）或“食变星”。在这一大群中最先被发现也最著名的食双星是英仙座中的大陵五，这颗恒星又有“妖星”之称。大陵五的变光周期非常准确，约为2日21小时。在两天多的时间中，大陵五的亮度并没有太大变化，只有通过十分精密的测量才能发现其微小的变动。在接下来的5个小时内，大陵五会慢慢暗下来，最暗时大约只有平时亮度的1/3。在此后的5个小时内，它又逐渐恢复到原有的亮度。

在大陵五的变光出现显著变化的10个小时内，这颗亮星的一部分亮度其实是被伴星食去了。我们明白这是偏食现象，因为紧接着它的亮度又会衰弱。如果是全食的话，光在全食时期会保持最低亮度；如果是环食的话，也就是说，如果前面的恒星完全投影在后面恒星的圆面上但又不会将后者完全遮盖住的话，则会出现最低的光度，而光的衰弱和恢复有着不同的性质。在其他的食双星中，有些会出现全食，有些则会出现食蚀。

在两食相隔的期间，光并不是长期不变的，有时候变化会非常显著，特别是当亮星食去约一半暗星的时候。除了食的变化外，两星也会变得不再呈球形。一方面，它们会因自传导致两极呈现扁状；另一方面，它们也会因相互绕转而呈现出波浪的长形。

在食双星的变光过程中，不仅要准确测量出它的光度，还要测量它的光谱，这样就能知道这两颗恒星的特征及其轨道的情况。这样算出的恒星大小和恒星形状数据是最具有参考价值的数据。除了大陵五之外，在肉眼能够看见的亮星中，属于食双星且变化程度比较大的有天琴座中的 β 星、金牛座中的 λ 星、武仙座中的U星以及天秤座中的 δ 星。

在分光双星中，蚀星系是一种特殊情况，它们的轨道大部分是以边对着我们。如果从恒星系统的其他部分来看，这些恒星是没有任何变化的，而其他我们观察不到变化的相近双星却会因为交蚀而出现变光。

星团

星团并不是星辰在天界中的偶尔聚集，而是很有秩序地在天空中运行的星群，主要分为两类：一类是“疏散星团”（open cluster），或者称为“银河星团”（galactic cluster），因为它们都位于银河系中；另一类则是“球状星团”（globular cluster）。

在距离我们比较近的几个星团中，肉眼可以看见其中最明亮的恒星，如昴星团，又叫“七姐妹”。在秋冬季的夜空中，这是7颗肉眼能够观测到的、呈短把勺子形的恒星。如果观测者仔细观察的话，甚至能够从这个星团中看出九颗或十颗星星，通过望远镜观测到的就更多了。昴星团的南边又有一个显著的疏散星团，属于金牛座，那就是毕宿星团。这个星团可以引领我们找到天牛的头部V形，其中还有明亮的红色星毕宿五，尽管这颗亮星还没有被确定为这个星团的成员。

疏散星团中的成员在空间中的运动都具有一致性，有些星团的距离比较近，所以容易观测到它们的运动，这一类星团又被称为“移动星团”（moving cluster），毕宿星团就是一个典型。这个V形星群（毕宿五除外）及其附近的星都在一致地向东运动，它们的运动路线虽然不是完全平行的，但远远望去也好像是在沿着许多条道路向远方汇聚，这表明它们还在退后。约在一百万年前，这个星团与我们的距离大约是 65 光年，而现在的距离已经增加了一倍。或许亿年之后，这个星团会距离我们更远，直到成为望远镜中的一个暗淡天体，去到距离猎户座中的红星参宿四比较近的位置。

我们现在也正被移动星团包围，但太阳并不是其中的成员。这个星团中的一部分出现在北天，形成北斗，但需要去掉勺柄末端的一颗星和指极星上方的一颗星。南天中是天狼星，还有一些散布得比较远的亮星，它们都是这个移动星团中的成员。经过很长一段时间之后，它们会将我们远远甩在后面，成为平常状况的疏散星团。

有些疏散星团，用我们肉眼看起来像是一块雾斑，被称为“蜂巢”的鬼宿星团便是一个典型的例子。鬼宿星团属于黄道带中的巨蟹座，在狮子座中的镰刀形附近。通过望远镜就能观测到这些暗淡光斑是一个粗略的星团。另一块云状光斑位于银河中，它属于英仙座，距离仙后的宝座比较近。就算是用小型望远镜也能发现那里存在着两个星团，这就是著名的英仙座双星团。我们用望远镜顺着银河观测，还能发现其他一些美丽的疏散星团。我们或许可以想象，这些星团中比较近的星看起来依然远在银河之外。不过，狮子座和牧夫座之间的后发座星团也在银河北极附近。

在对疏散星团进行观测时，对测量远近有重要价值的造父变星和星团变星却没有在其中被发现。实际上，在这类星团中也没有观察到其他任何变星。因此，天文学家想出了其他方法，以测量这些星团的距离。利克天文台的特朗普勒（Trumpler）测出了 100 多个星团的距离和范围。令人诧异的是，随着这些星团与地球间距离的增加，它们的直径也变得更大了。

我们需要对这类事实产生的结果进行解释，对于地球能使这些星团围绕着它整齐排列起来这一点，我们似乎不太相信。这种大小的变化，或许能够归纳到观测或者计算的特殊情况中。在对星团的距离进行测量时，天文学家认为空间是完全透明的，假设其中填充了稀薄的大气，那么远处的星团透过这些介质看起来就会比较暗淡，因此也就显得比真实的距离更远一些。如果填补星团形成的角度，星团看起来就会大很多，因此修正的结果是一定要使遥远的星团变得更大。

在解释疏散星团的观测距离一直在增大这个问题时，特朗普勒假设银河平面覆盖着一层有好几百光年厚的吸附物质。对于远在3000光年之外的一个恒星来说，完全透过吸收层观测它时，它的亮度大约会降低一半。对于距离银河比较远的天体来说，这种吸收层产生不了什么不利影响。但对聚集在银河平面的疏散星团来说，影响就比较大了。因此，那些构成银河的星云必然会受到重要影响。当我们透过这层雾状介质进行观测时，它们看起来非常暗淡，也显得比真实距离远很多。于是，整个银河系的直径从通常认知中的约20万光年缩短到了三四万光年。这就是特朗普勒对疏散星团进行研究后得出的结论，但这个结论的正确性还有待商榷和论证。

球状星团

在第二类星团中包含了一些体积比较大并且非常壮观的球状星团。它们远离了银河中的积聚区域，处于太阳系的边缘，这里的星原本就非常少，已知的有 121 个星团，其中 10 个位于麦哲伦云中。

在所有的球状星团中，半人马座 ω 星团和杜鹃座 47 号星团（47 Tucana）是最亮且最近的星团，但在北纬中部的观测者无法看见它们。它们的距离大约是 2.2 万光年，形成云状的 4 等星，因此肉眼就可以直接观测。通过望远镜能够发现，它们是由许多恒星聚集在一起形成的扁球形，这说明它们一直在旋转，两极如地球一样略扁。通过长时间曝光的照片显示，它们由几千颗恒星组成，但由于中间部分非常密集，所以不太可能准确计算出它们的数目。

在北纬中部的观测者，通过望远镜能够观测到武仙座大星团 M13。这是一个非常美丽的球状星团，它大约会在傍晚时分从头顶上方经过。如果我们将武仙座视为一只蝴蝶，这个星团就位于蝴蝶头部到北翼的 2/3 处。在观测条件最合适时，几乎用肉眼就可以看见它，只不过通过望远镜观测，尤其是在拍下来的照片中，这一星团会更为壮观。

这个星团与我们之间的距离大约是 3.4 万光年，因此只能看见其中比较亮的恒星。如果星团中的恒星亮度不如太阳的话，哪怕是通过最大的望远镜也无法观测到。不过，目前已知可以观测到的恒星大约是 5 万颗，比肉眼所能看见的整个天空中的星星多出 20 倍。武仙座星团中有数十万颗以上的星，最密的部分直径大约 30 光年，星团中大部分恒星都在星团直径 70 光年的范围内。在星团中与太阳周围相似的空间里，恒星的数量要多得多。假如我们身处这个星团的中心，一定会发现天空中的星座要比我们现在能看到的亮很多倍。

夏普利在威尔逊山和哈佛天文台对球状星团进行研究的结果，大致确定了它们的距离，约在 2.2 万光年到 18.5 光年之间。这些星团已不在银河中央平面，而是很均匀地分布在两边，这表明其与星云系统有着密切关联。球状星团分布在直径约 20 万光年的空间范围内，空间的中心距离地球大约是 5 万光年，正好与人马座所在的方向相同。假如我们设定是这些星团组成了银河系的轮廓，那么这个系统的直径大约就是 20 万光年，中心恰好在人马座的方向，在距离我们 5 万光年外的地方。

银河中的恒星星云

在夏末秋初的傍晚，北纬中部的观测者能够看见银河最美丽的模样，它从东北一直延伸到西南，像是一条发光的带子横过中天。在晴朗无月的夜晚，可以在没有人工光源干扰的地方进行观测，那是肉眼所能看见的最动人的天界风景之一。

我们从东北方的地平线沿着银河溯流而上，经过英仙座、仙后座、仙王座后，接着便到了我们熟悉的北方大十字区（天鹅座），在秋初的傍晚，这里是已接近天顶的地方。银河在这里分为两个支流平行往下，一直分支到南十字座。这种分支的现象并非银河真的发生了分裂，而是一些黑暗的宇宙尘云遮住了外面的一些恒星，我们将在后面详细介绍这种情况。

银河西支流到了天鹅座南部就变得越来越暗，但在快要接近地平线时又逐渐明亮起来；东支流则在经过天鹰座时变得更加明亮，经过天鹰座后慢慢聚集成壮观的盾牌座（Scutum）和人马座星云。这个区域与在其附近的蛇夫座和天蝎座都是最引人注目的银河区，无论是用肉眼还是通过望远镜都能观测到。通过短焦距望远镜拍到的照片，可以清晰展示这里的情况。巴纳德为此处拍摄的照片非常美丽，在北纬中部能够观测到的银河的其他部分也同样美丽。巴纳德用 25 厘米的布鲁斯望远镜在威尔逊山拍摄了一部分照片，又在叶凯士天文台完成了其余部分的工作。

银河在南方地平线之下，经过半人马座，两个分支在这里合为一支，又经过了南十字座，这里是距离天球南极最近的地方。此后再往北流去，在我们的冬季天空呈现出一条宽阔的河流。这部分银河的亮度没有夏季看见的部分高，而且也没有显著聚集起来的星云。农历的 11 月份，这部分银河首先经过两颗犬星和猎户座，再经过双子座和御夫座（接近天顶），最后进入英仙座。

在银河中，我们可以见到银河系的星云在天空中形成一圈投影。显然，这个发光地带中心的圆圈显示了扁平系统的主要平面。我们需要借助这个投影完整地绘制出该系统的样貌。在后面的内容中，我们将会详细介绍绘制此图的发展情况，以及天文学家们跨越这个系统对疆界以外的星系的探索和研究。

无论是明亮的星云还是暗淡的星云，在银河系中都有着举足轻重的地位。当然，最容易引起我们注意的还是银河系中的星云。

星云

从前，除了银河系中的星云，天空中所有的暗淡光斑也被称为星云，其中一些用肉眼就能直接看到，通过望远镜观测时又发现了更多星云。在寻找和研究星云，以及对其进行记录、编排等工作中，赫歇尔家族的一些天文学家，如约翰 · 赫歇尔、威廉 · 赫歇尔以及卡罗琳 · 赫歇尔女士等，都做出了杰出的贡献。

有些星云拥有独特的名称，如猎户座大星云、北美洲星云、三叶星云（Trifid Nebula）等。以发现过许多彗星而为人所知的梅西耶制作出来的 103 星云表中的编号，常被用来命名明亮的星云。如果观测者使用小型望远镜进行观测，常会误认为这些星云是彗星，例如仙女座中的 M31。不过，现在采用的都是德雷尔（Dreyer）编制的新表（New General Catalogue）中的号数来表示星云了，这个表由两部分组成，里面包含着 13,000 多个星团和星云。仙女座中这个大星云的名称是 NGC 223（新表 223 号）。

关于星云的本质，早期的天文学界一直有着不同的见解。康德认为，星云是遥远的星系——岛宇宙，这一见解得到了一定范围的认可；威廉·赫歇尔则认为星云与恒星有着一定的区别，星云是一种发光的流体；拉普拉斯提出了著名的星云假说，他认为是一团气体星云凝缩在一起形成了太阳系。不过，通过大型望远镜进行观测的结果显示，星云是气体的说法并不正确。经过分析发现，许多星云都是由恒星构成的。19 世纪中叶，罗斯爵士以当时最大，也是往后许多年中最大的 1.8 米反射望远镜非常有效地把大家认为的“星云”的云，显露为遥远的聚集在一起的恒星。

不过，并不是所有星云都由恒星聚集而成。美国的哈金斯（Huggins）是将分光仪应用到天文学中的先驱者，他验证了赫歇尔提出的“星云是发光的流体”这一说法的真实性。1864 年，哈金斯用分光仪对天龙座中的星云进行了仔细的研究，并观测到一种明线的花样，而这正是一种发光气体形成的光谱。现在，我们已经知道一些星云是气体状态的了。不过，还有一些星云拥有与恒星光谱相似的暗纹花样，但却不能解释这是恒星团形成的痕迹。星云中依然包含着很多尚未发现的秘密。

我们现在已经能够对银河系中的星团与星云进行区分了。此外，最近的研究也表明，很多从前认为是星云的天体，其实是在银河系之外的遥远星系。严格说来，银河系和银河系之外的星云都可以被分为明的和暗的弥漫星云、行星状星云两类。

明亮的弥漫星云

猎户座大星云是所有明亮的弥漫星云中最著名的星云。通过肉眼可以观测到，它是组成猎户佩刀形三星的中间那颗，位于组成腰带形较亮的三颗星的稍南方。通过望远镜可以观测到，它是一个能够发出微弱光芒的粗略三角形。虽然这个星云面的距离大约是满月距离的两倍，但实际上它的距离却有 10 光年，已经是一块巨大的星云了。用大视场透镜为猎户座拍照，并经长时间曝光后，照片中会显示出一层将猎户座中的大部分区域覆盖住的暗淡星云。

人马座中的三叶星云也是明亮的弥漫星云中的典型例子。乍看之下，它由三片或者三片以上的星云组合形成，因为星云上面有一些宽阔的黑暗裂纹。实际上，那些裂纹是由许多暗星云与明亮物质混合在一起形成的。在昴星团中，最明亮的几颗星都被星云包裹着，令这个星团的照片变得更加有趣。但是，如果离开望远镜用肉眼观察，就只能够看见少数的星。通常情况下，就算是照片中最显著的星云，也无法在最大型的望远镜中被观测到。

北美洲星云就是这样的情况，由于它的形状与北美洲地形图相似，海德堡的沃尔夫将它命名为北美洲星云。它位于天鹅座中北十字顶端的那颗亮星附近，是照片中非常引人注目的天体。在这个星座中还有一个逐渐增大的卵形环状星云，于是天文学家推测这可能是一颗恒星爆炸引发的结果。假如这种推测是正确的，并且恒星的膨胀率始终没有变动的话，那么这颗新星的强烈爆炸应该发生在 10 万余年前。这个环状星云中最亮的部分被称为网状星云和丝状星云，它们的组成结构与其名称相互对应。

上面讲到的这些都是明亮的弥漫星云，通过望远镜，尤其是在长时间曝光的照片中，都发现了许多与之相似的星云。不仅在银河系及其附近有着这些明亮的弥漫星云，银河系之外也有很多。实际上，在这类星云中已知的最大星云——大麦哲伦云，就位于银河系之外。大麦哲伦云又被称为剑鱼座 30 号（Dorado 30），直径大约在 100 光年以上。

弥漫星云是由气体和微尘组成的巨大云状物，它们在许多方面的特征都能让我们联想到彗星的膜状尾巴。星云中物质散布的稀薄程度要小于实验室中所能得到的最好的真空密度。只不过星云的云层非常厚，因此它们才能被我们看到。如果我们身处北美洲星云中，那么基本就不能感觉到它的存在了。

星云的光

我们一直没有想清楚，是什么让这些星云发光，它们这样稀薄的物质应该无法达到发光的温度。在很长一段时间内，天文学家一直被这个问题所困扰，直到哈勃利用威尔逊山的大反射镜对星云进行细致研究后，才得出了答案。他发现，星云的光芒是借助了附近的恒星。差不多每种星云的发光都是由邻近或其中的恒星在发挥作用，而且恒星的亮度越高，它所接近的云状光芒的范围就会越大。不过，星云的光芒并非只是简单地受到星光的影响，至少有些星云并不是这样。

通过分光仪对星云进行研究，天文学家发现了它的光与相关恒星之间存在的有趣关系。所有恒星（除了最热的）附近的星云光都与星光类似。两者的光谱中都有相同的暗线，花样也相同。昴星团附近的星云就具有这样显著的特征，不过猎户座大星云以及其他与最热恒星相连的星云的光芒又与此有着较大的区别，它们的光谱中存在着明线花样，这与恒星光谱是不同的，这种区别又是什么原因所致呢？

关于第一类星云的光的来源，天文学界存在着不同的看法，一些天文学家认为，星云的光就是星光的反射。不过，第二类有明线花样光谱的星云中的光，显然就不是星光了，但与其相关的恒星依然起到了照明的作用。这让我们联想到极光，极光也不是反射太阳光形成的，彗星的光也是这样，因此我们可以得出结论，猎户座大星云以及相似星云的发光，很可能和极光相类似，是受到了附近热度很高的星的影响。

在很长一段时间内，科学家都难以解释星云光谱中的明线花样。在这些线中，有些是确定的、我们所熟知的氢氦元素，它们并没有神秘之处。不过，星云光谱中还有一些明线是在实验室中从来没有出现过的。这是否可以说明，星云中存在着地球上没有发现过的元素呢？这种元素被研究者暂时命名为“氙”（nebulium），就像以前将太阳的主要组成气体命名为氦一样，因为氦元素首先是在太阳光谱中被发现的，后来证实了地球上也存在这种元素。不过，氙很可能并不是一种元素。在星云的光谱中，这种令人感到困惑的明线是由一般的氧氮元素在这个地方的特殊情况中产生的，实验室绝对无法复制出这种情况。关于明线的问题，算是用这样的理由得到了解决。

行星状星云

行星状星云和行星并没有直接的关系，甚至毫无相同之处。之所以有这样的名称，是因为在望远镜中观测到的行星状星云都呈椭圆面。

它们是扁长的球形星云物质，比行星大得多，甚至比整个太阳系更大。它们的自转是造成扁状的主要原因，通过分光仪观测可以证明这一点。确实，也有一些行星状星云呈现出真正的圆形面，但它们的自转轴显然对着地球，而其自转周期可能要以千万年计。

现在已经发现了 1000 多个行星状星云，它们的大小相似，但由于远近不同，所以看起来就有了大小的差别。最近的行星状星云可能是宝瓶座中的螺旋星云 NGC 7293，看起来比满月的 1/3 大些。而最远的行星状星云，即使通过望远镜观测也难以将其与恒星区分开，但分光仪的应用却可以轻松将它们辨认出来。

行星状星云表面的明暗不同使得它们具备了各自不同的特征，大熊座中的“枭星云”是最近的一个星云，因此也是用望远镜观测时看到的最大的星云，“枭星云”得名于它的两块仿佛枭的两只眼睛的黑色区域。狐狸座中的“哑铃星云”则是由于椭圆形的两端常常较暗淡，看起来像是哑铃而得名。有一个行星状星云有些像土星及其光环，并且对着我们的几乎总是光环的边。还有一些行星状星云拥有同一个中心的环，还有一些拥有厚环，由于圆面中心被遮住了，因此看上去比较暗淡。

通过中型望远镜观测到的天琴座中的环状星云是非常美丽的行星状星云。它位于天琴座南部，在蚀变星 β 及其相邻的 γ 星之间，但肉眼和小型望远镜都无法观测到。如果用一些大型的观测工具，便会发现它像一块比较扁的发光的小饼。这道环在照片中呈现出较为复杂而细致的结构，中心还有一颗星，而这颗中央星是颗很蓝的天体，几乎显现出了全部行星状星云的特征，并且很显然是这些行星状星云的光的主要来源。

我们现在还没有足够的知识来解释行星状星云与其他天体间的关系，只能假想它们可能与新星有着许多的相似之处。新星和行星状星云一样，都在向银河的方向集中运动。新星的最后阶段类似于行星状星云的中央星，有些新星的周围也会被气体包裹。1918 年爆发的天鹰座新星，其周围就有一层云状外壳，这层外壳以每日 8000 万千米的速度膨胀。

暗星云

正如我们在前文讲述的那样，星云的光来源于相邻恒星的光芒。如果没有亮星，星云就会变得暗淡无光，由于它们遮挡住了明亮的天界，所以我们才能看见它们。银河系中的明亮星云也是如此，这些黑暗尘云也在银河系的某些部分强烈聚集。这种分布非常奇妙，因为有银河系这道明亮带子的衬托，我们才能够清楚地看见它们。

在银河中，最明显的是一大道黑暗裂纹形成的“空白地带”，大约从北十字发端一直到南十字终结，将整个银河系的 1/3 隔成了两条平行的支流。北十字的北方有一道显著的横向裂纹。南十字附近有一块黑色物质，大小与南十字相似，但仅仅能观测到很少的星。很久之前，这个明亮星云中的大洞便得名“煤袋”，据说是古时的水手想出来的名字。

一直到 20 世纪 30 年代，大家还是认为银河系中的黑暗部分是空隙，觉得通过这个空隙能够观测到银河系以外的黑暗空间。这种说法显然难以令人满意。假如星云非常厚，这些空隙就会变成地道。那么这些地道为什么要对着地球？这很难解释。而且地道周围的星群都在向不同的方向运动，为什么这些地道却不会移动？于是，有人开始推测这些裂纹是黑暗尘云，叶凯士天文台的巴纳德就是其中之一。

如果想要了解暗云的众多数量及其复杂的形状，只需要研究那些并不难获得且非常精美的银河照片就可以了。银河处处是吸引人去探索的风景，特别是蛇夫座所在的区域内，排列着一些让人难以想象的形状。这种暗云大部分都在银河系中，与地球的距离大约是几千光年。不过，银河之外的星系中也存在暗云，我们将在后面对其进行详细介绍。

暗星云和亮星云都是由气体和尘埃组成的大云状物，它们也许还含有较大的固体块状物。彗星和流星的结构也非常相似，因此有人认为，环绕太阳的彗星和流星就是太阳系在几百万年前经过某块暗云时顺道带来的物质。

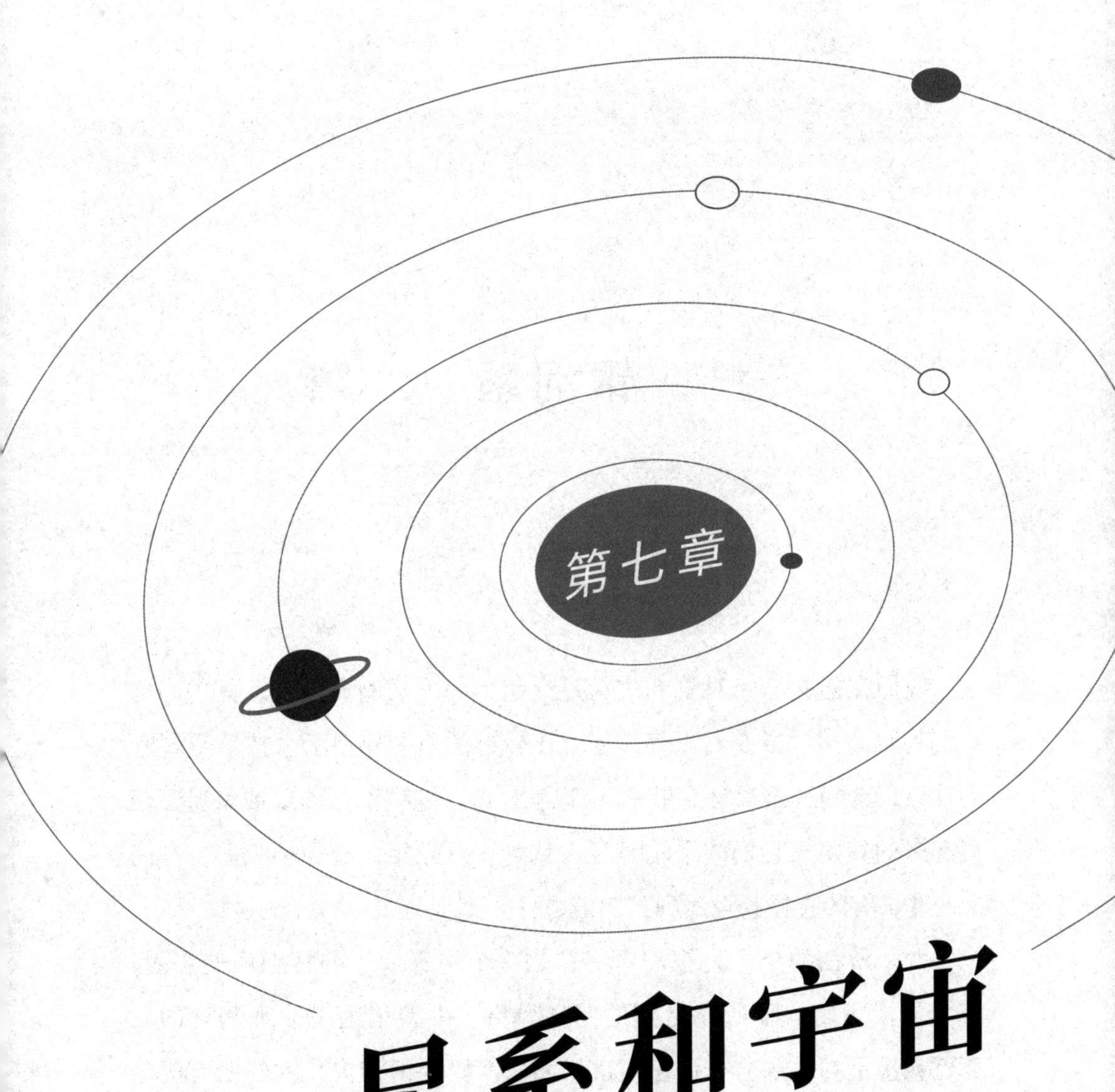

星系和宇宙

银河系

我们在前文已经对星云进行过介绍，如人马座大星云，其中心与我们的距离超过了 5 万光年，还有比较近的盾牌座星云。按照夏普利的观点，这些星云都是“星系”，也就是说，这些都是恒星或者星云聚集起来的集团。它们的平均直径大约为 1 万光年，有的小一些，有的大一些，有的直径甚至达到三四倍之巨。

太阳所在的星系是银河系，这是一个中等大小的特别扁的集团，其中包括我们肉眼所能见到的明亮星星、中型望远镜能观测到的几百万颗星星的大部分、许多疏散星团以及沿银河密集排列的所有明暗星云。在星系群的其他部分来看，银河系也是其中的一个星云。在银河系中，太阳仅仅是 2000 多亿颗恒星中普普通通的一员，而且并不是银河系的中心，真正的中心是在 300 光年之外的南天星座船底座（Carina）的方向。

这些星云在我们称之为银河系的超级系统中，几乎聚集在一起形成了一个平面。在过去的 200 多年里，天文学家曾经想精确地测量出银河系的大小和形状。银河系的主要特点就是我们观测到的空中投影的银河。这是一件很不容易做到的事，因为我们就身处银河系中，如果我们能够站在银河系之外，那测量将会简单很多。这个难题在以前表现得更为严重，因为当时丝毫不知道如何测定比环绕着我们的天体更远的天体距离。

在确定银河系的构造方面，通常有两种方法可以选择，第一种是计算天空中若干个大小相同区域中的星的数目，构成统计中的数据。威廉·赫歇尔爵士是最先使用这种方法的人，他借助望远镜仔细计算了天空中 3000 多个区域的星的数目。先设定某个方向的星的数目比较多，那么这个方向的星的范围就会比较广，赫歇尔据此得出结论：银河系的形状与磨盘相似，其主轴和银河平面成直角，按当时的比例尺折算，直径大约是 6000 光年。然而，由于赫歇尔当年使用的仅是 48 厘米反射望远镜，因此只能观测到近处的星，而无法观察到比较远的星。不过，这是第一次有计划、有目的地对银河进行考察。此后的研究也多次应用到这种统计方法，在望远镜升级换代以及统计方法进一步完善之后，现在这种计算主要用于分析天空代表区域的照片上。最近的研究成果是威尔逊山天文台的西尔斯（Seares）在 1928 年宣布的。

第二种确定银河系的构造方法，是测定银河系中各处物体之间的距离。显然，如果我们对银河系中各处的方向和距离都能清楚掌握，就可以建立一个模型，用来表示银河系的形状和大小。我们已经知道，无论在什么地方发现了造父变星，都能较为容易地测出它的距离；而且这种具有参考价值的变星在整个银河系中分布得很广。借助造父变星和一些新的测量方法，天文学界对银河系的考察工作正进行得如火如荼，哈佛天文台及其他许多天文台都在参与。我们对银河系的形状和大小已经有了一定的了解，但大家的意见还没有完全统一，存在着一些分歧。

我们在前文提到过，球状星团有一个可靠的模型，在银河平面上，这些星团对称分布，包围起来的空间直径大约在 20 万光年以上。假如球状星团就是银河系的轮廓，那么银河系的直径就有 20 万光年，其中心位于人马座大星云方向。

由于银河系外的许多星系都呈旋涡状，因此我们很容易想象银河系大抵也是如此。如果这样认定了，那么旋涡分支和中核的连接处就是人马座星云，太阳系只是一个分支中的较小集团，位于中心和边缘之间。

通过观测发现，银河系和遥远的旋涡星云都在旋转。既然我们身处旋转中，就会以每秒 320 千米的速度运动，现在位于仙王座方向。这种证据大约可以支持认为银河系是独立旋涡星系的观点。假如真是如此，那么银河系在已知星系中就是最大的，比其他最大的星系还要大出 5 倍，这种差距很容易让人产生怀疑。

尽管大小麦哲伦云都距离银河非常远，但与许多球状星团相比依然很近。由于它们靠近南天极，所以北纬中部的人无法看见它们从地平线上升起。大麦哲伦云的距离大约是 8.6 万光年，直径大约是 1 万光年以上；小麦哲伦云稍远一些，大约是 9.5 万光年，直径是 6000 光年。以肉眼直接看去，它们像是天上的光斑。通过望远镜观测则会发现，它们由恒星、星团和星云组成，还有一些我们所熟悉的形状样貌。它们的大小与银河中的星云相似。如果它们在银河平面上，我们很难把它们和银河星云进行区分。它们的运动轨迹也容易让我们认为它们和银河系属于同一星系群。

在赫歇尔开始对天界进行他著名的考察研究的 20 年前，英国的莱特（Wright）就已经发表了一种学说，他认为这个大星系的形状像一个扁平圆盘。而哲学家康德于 1755 年提出了更进一步的观点，他认为星云是银河系以外的遥远星系，因此他曾将它们命名为“岛宇宙”。不过，由于当时以及在后面一段持续的时间内，人们都没有办法测量出它们的距离，因此也无法认可或否决这种观点。

除了已知的星团外，从前被称为星云的模糊物体可以非常清晰地分为两大类：第一类是向着银河一带聚集的星云，被称为“银河星云”或者真正的星云，我们在上一章已经介绍过了；第二类则是分布在整个天空中的星云，不过银河附近没有，因为暗星云和银河平面中的其他吸收物质将它们遮盖住了。这些星云就是河外星云，其中就包括了旋涡星云。

河外星系

哈佛的夏普利于1923年开始研究河外星系，他对天文学家们所熟知的NGC 6822星云进行观测后得出结论，这一星云比银河系中的任何星云都要遥远。因此，康德提出的“岛宇宙”至少有一个是成立的。NGC 6822星云与银河系之间的距离大约是62.5万光年，类似于麦哲伦云与银河系的距离。

夏普利之后，在河外星系研究方面取得进展的是赫伯尔，他成功地拍摄到了最近旋涡星云中的单颗恒星照片。赫伯尔用威尔逊山2.5米直径的望远镜为许多恒星拍摄了照片，这其中就包含造父变星。这些造父变星的距离很容易测定，同时，它们所属的旋涡星云的距离也都可以测定。不过，这需要天文学家经常为这些旋涡星云拍照，以便测量出造父变星的运行周期。赫伯尔在采用这种方法对旋涡星云进行测定后，于1925年宣布它是银河系之外的星系。

“仙女座大星云”是旋涡星云中能为肉眼所见的最明亮的旋涡星云。在秋冬季的夜空，只要是对飞马座中的大正方形有所了解的人，都能轻易找到这个星云。我们暂且将这个大正方形想象成一个勺子，勺柄朝向东北方。这个旋涡星云就在勺柄第二颗星的东北方一点，肉眼看上去像是长长的微弱光斑呈现在天上。就算是通过望远镜也无法观测到这个星云的构造，但从拍摄的照片中能够看出来它是扁平状星云，它的边与我们有约 15° 的倾斜角，肉眼所见的明亮核周围包裹着暗淡的盘。仙女座旋涡星云的距离是 80 万光年，这是一个非常大的星系。

相邻的三角座中最近的旋涡星云 M33，仅用肉眼几乎已难以看见它。这个星云与我们的距离尽管比仙女座星云近 5%，但由于它的直径只有约 1.5 万光年，因此看起来也比较暗。三角座旋涡星云以平面对着我们，所以能清楚观测到它的构造。从核的反方向上延伸出的分支向着同一个方向，且在同一个平面上弯曲。

据推测，河外星系中大约有 200 万颗亮度可以通过 2.5 米望远镜观测到的星，其中大部分都是旋涡星云，它们的距离在约 100 万光年到 1.5 亿光年之间。旋涡星云的直径大小平均在 5000 光年到 10000 光年之间，这主要取决于它们的弯曲程度。它们对着我们的状况也有所不同，有些以边，有些以面，比如北斗七星附近的猎犬座中的旋涡星云就是以面对着我们。

当旋涡星云以边对着我们时，它们形似纺锤，主要特点是“纺锤”上有一道暗带，有时好像将“纺锤”分成了两半。旋涡星云中的这种中部暗带很容易让我们联想到银河系中的黑暗尘云，特别是长长的暗淡裂纹。当使用分光仪对其进行观察时，这些用边对着我们的旋涡星云会一直处于旋转状态，正好符合我们由其扁平而推测出来的情况。仙女座旋涡星云核的自转周期大约是 1600 万年。

并非所有的河外星云都是旋涡状的，有一小部分是跟麦哲伦云相似的星系。还有些“椭圆星云”也没有被分为单个的星，它们中有的盘面看起来几乎是圆形的，有的则是扁扁的椭圆形，而最扁的星云，长轴两端被拉长得像是用边对着我们的双重凸镜。

银河系也如同单个恒星一样聚集成群，这就是本星系群。目前已知的本星系群约 40 个，其中包含的星系数目，有的只有几个，而有的多达上百个。在室女座附近就存在许多这样的例证。哈佛天文台最近在观测的半人马座大星系群中，就包括了一些能与仙女座大星云相提并论的巨大星系。天文学家一度认为，飞马座中的一群星系类似于本星系群。

当河外星系的存在被普遍认可之后的数年时间里，虽然我们对它们的情形已经有了一定的了解，但未知的情况依然不少。实际上，恒星所引发的所有问题在星云上也都一一出现了，正如我们周围的星都聚集于银河系一样，我们可以推测银河系和本星系群也都属于更大的系统——一个远超我们想象的超级系统。

不断被发明出来的新一代望远镜，特别是哈勃太空望远镜，为我们提供了非常大的帮助，让我们拥有了许多实际的观测资料，再也不必像前辈一样苦思冥想。

本星系群的中心是银河系，是半径约为 300 多万光年的空间内的星系总称，总质量大约是太阳质量的 6500 亿倍。也有人提出，本星系群的中心是银河系和仙女座中大星云 M31 的共同中心。本星系群中目前已知的成员星系和可能的成员星系大约有 40 个，其中包括了银河系和仙女座大星云这两个巨型旋涡星系，一个中型旋涡星系——三角座星云，一个棒旋涡星系——大麦哲伦云。本星系群属于典型的疏散群，不具备向中心聚集的趋势。只不过，有些星三五聚合在一起形成一个次群，至少有两个次群以银河系和仙女座大星云为中心。

近距离星系团的空间分布，让我们清楚知道，有一个更高一级的星系以室女星系团为中心成团，直径大约为 30 至 75 百万秒差距，包含了约 50 个星系团和星系群，被称为本超星系团。本星系群就是这个星系团中的一员。

膨胀的宇宙

在河外星系各种引人关注的发现中，最让人称奇的是它们远离我们的速度。我们通过研究它们的光谱，观察其光谱线的移动而得出了河外星系的远离速度。不计我们自身的运动影响，河外星系都在以极高的速度远离我们，随着距离的增加，速度也在增快。威尔逊山的天文学家也发表消息称，大熊座中的一个暗弱星系远离我们的速度大约是每秒 1.1 万千米。当分光仪应用到天文学观测中能够观察到更加遥远的星系时，我们所能得知的它们远去的速度就更快了。比利时的勒梅特（Lemaitre）提出了一个表示膨胀的宇宙的数学公式，这个公式表明，在这样一个构造中，远处的物体一定要以很快的速度离我们而去，如同我们观察到的河外星系的情况一样。

相信现在大多数人都对“大爆炸宇宙学”有所了解，不过当第一次听到这个说法时，不免令人有些疑惑。宇宙的无限，时间的永恒流逝，都是容易被我们理解的。但宇宙怎么会是由一点爆炸形成的？又为什么是从大爆炸开始的呢？

宇宙是自然界中所有物质的总称，宇宙学的研究对象并非某一个天体，而是整个宇宙的行为，但研究需要借助天体传达给我们的信息。宇宙学的研究是我们要根据现在的观测，对宇宙的遥远过去和长久未来进行探讨。宇宙学并不是哲学，而是与物理学有关。我们推断过去、研究现在以及预测未来的依据是什么呢？我们有两个预先设定好的“宇宙学原理”，首先就是物理定律的普遍适用性。我们发现和应用的物理定律能够适用于宇宙的任何地方、任何时间。其次，宇宙是均匀、各向同性的。这里的均匀是指大尺度上的均匀；各向同性则是指各个方向上的空间性质相同，宇宙不存在中心。首先，从其他天体上进行的大尺度观测与在地球上观测到的现象相同。其次，任何地方观测宇宙的发展与地球上观察到的发展相同。我们将坐标时间进行统一，然后在相同的时刻观测宇宙，任何地方观测到的宇宙都是一样的。通过对星系团的空间分布、射电源的空间分布以及宇宙背景辐射等方面的观测情况来推测，宇宙在大尺度上各个方向的性质确实是相同的。

在历史上曾经出现过各种各样的宇宙模型，我们简述如下：

1. 牛顿静态宇宙论。在这个论说中，时间均匀地流逝，空间仅为一个空无一物的骨架。在欧几里得空间中均匀地分布着无限多的静止不动的天体。这是一个“一眼就可以看穿”的宇宙。但这个宇宙观点存在着著名的奥伯斯佯谬：假设空间是无限的，其中恒星密布；虽然恒星有生有灭，但总体看来宇宙中的恒星数密度不变；时间是无限的。这样一来，得出的结果就是，昼与夜都同样明亮，天空中各处的亮度相同。

2. 等级宇宙论。在这个论说中，宇宙中的天体及其系统都有聚集在一起的趋势。不仅在小尺度上（太阳系、星团、星系、星系团等）

如此，大尺度上也是一样。这个理论否定了“大尺度上宇宙均匀各向同性”这一说法，认为天体分为不同的等级和的层次，一级级逐渐升高。由于宇宙不均匀，所以奥伯斯佯谬不再存在。但是它无法解释宇宙背景辐射。

3. 稳态宇宙。在这个论说中，宇宙不仅是均匀的、各向同性的，而且在时间上也非常稳定，宇宙特征在任何时候都不会发生变化。红移只是属于多普勒效应，而宇宙一直在膨胀。由于宇宙各处始终在创造物质，因此膨胀仍然保持均匀。但人们对于虚无中如何产生能量和物质仍存有疑问。

4. 静态宇宙模型。这是爱因斯坦在 1917 年提出的学说，他将宇宙常数引入广义相对论的引力场方程中，并求出相应的解。因为爱因斯坦认为宇宙是静态的，所以他只求出了静态解：宇宙是一个封闭的三维“球面”，天体均匀地分布在球面上，这个球体的半径大约是 35 亿光年。然而，这与哈佛定律明显相互矛盾。宇宙常数像是画蛇添足，令爱因斯坦觉得这是自己一生中犯的最大错误。

5. 膨胀的宇宙学模型。在爱因斯坦提出静态宇宙观点的同年，德西特（de Sitter）通过广义相对论引力场方程得出一个真空静态宇宙，但只要在其中加入物质，宇宙就会膨胀，就这样，他在偶然中发现了一个膨胀的宇宙学模型。1922 年，弗里德曼（Fridman）又从广义相对论引力场方程中求出了另一组不同的解，每个解对应一个不同类型的宇宙。他的模型中包含了宇宙膨胀。1948 年，伽莫夫提出了大爆炸宇宙学。1967 年，宇宙微波背景辐射的发现，为大爆炸宇宙学模型提供了有力的支持。现在，大爆炸宇宙学模型已经得到了广泛认可，并且被誉为标准宇宙学模型。

大爆炸宇宙学

哈勃在1929年通过星系红移和距离的关系得出一个公式：$v=H_0 l$，其中的l表示星系与我们之间的距离，H_0表示哈勃常数，而v表示天体的退行速度。由哈勃定律可以得知，天体与我们的距离越远，退行速度就越大；并且不论从哪个方向看，天体都一直在离我们远去。天体的退行速度为什么会随着距离的增加而加大呢？由于各个方向上都有这样的退行，那么我们是不是恰好就处于宇宙中心了呢？假如我们不是在宇宙中心，那么这一确定的观测事实要如何解释呢？

如果把宇宙星系想象成“分子”，它们会在膨胀中参与两种运动，一种是“分子”具有的膨胀速度，另一种是“分子”相对于流体元的无序运动速度，也称为星系的本动速度。物质分布的局部不均匀性在这个速度中得以体现，典型值是每秒500千米，通过哈勃定律得知，当距离超过20兆秒差距时，膨胀速度会大于本动速度。哈勃定律体现的是宇宙整体膨胀规律，而不是星系个体运动规律。宇宙只有在遵循哈勃定律的前提下，才能保持均匀性。

我们可以这样认为，当气球不断膨胀时，无论站在气球的哪个点上观察，其他地方都在离你远去，而且距离越远，离开的速度就越快。各个点上观察到的情况相同，没有中心。再来看另一个例子，观察一个含有葡萄干的面包，在面包膨胀的过程中，对每一粒葡萄干而言，其他葡萄干都在远离自己。而且越远的葡萄干，离去的速度越快，即面包膨胀的速度越大。所有的葡萄干看上去都是相同的，不存在中心。

上述的类比对星系退行的情况来说可以说是一种观测事实，表明真实的宇宙随着时间的推移一直在膨胀，如果往前追溯，时间越早，气球越小。那么，宇宙是从什么时候开始膨胀的呢？

1931 年，比利时著名的宇宙学家、数学家、天主教神父勒梅特提出，宇宙中所有星系最初都聚集在一起，称为原始原子，这个原始原子发生了爆炸，把所有星系都散布到空间中。虽说勒梅特并没有提出“大爆炸宇宙学”这个名称，但他关于宇宙学的最主要的思想就是大爆炸。

1948 年，俄裔美国人伽莫夫将宇宙膨胀和元素形成结合在一起，为大爆炸宇宙学奠定了基础。大爆炸宇宙学提出的观点认为，大约在 150 亿年前宇宙发生了大爆炸，宇宙虽然是有限的，但它也是无界的。

将时间向前追溯，当宇宙尺度是如今的 1% 时，它的密度将达到现在的 100 万倍，这个密度比星系的密度还大，所以星系无法存在。由此可以推断出，在某个时间之前，宇宙结构是不存在的，它是演化的产物。

在宇宙结构没有形成之前，它是一大片由微观粒子组成的均匀气体，温度极高，且越是早期温度越高，密度也越大。当温度超过 10^4K 时，粒子的热运动能量太高，因此中性原子无法形成。温度约 3000K 时中性原子才能形成。电子和原子核在温度低于 3000K 时，会结合起来形成中性原子，大量散射光子的电子会消失。宇宙中损失了大量电子，因此光子不再受到电子的强烈散射。于是宇宙逐渐变得透明起来，光子和物质丧失了耦合机会，而宇宙介质则被作为独立的部分保留下来，我们能看到最早的宇宙，就是指已成为历史遗迹的2.7K背景辐射光子。

当温度大于10^{10}K时，粒子的热碰撞致使原子核破裂。也就是说，原子核也是在演化过程中形成的。现在观测到的1/4的氦丰度，都来源于早期原子核的合成。

标准宇宙模型表

时间	温度	时期	事件
0	无穷大	奇点	大爆炸
10^{-43}秒	1038	普朗克时期	粒子产生
10^{-36}秒	1038	大统一时期	重子对称形式
10^{-6}秒	1013	强子时期	质子、反质子湮没
1秒	1010	轻子时期	正电子、电子湮没
3秒	109	原初核合成时期	氦和氘形成
3×10^{5}年	3×10^{3}	解耦时期	宇宙透明化

表7-1 标准宇宙模型表

标准宇宙的困难

标准宇宙模型的说服力虽然很强，也符合观测到的事实。然而，它依然存在几个根本性的难题，其中最主要的是视野疑难、准平坦性疑难和磁单极疑难。

视野疑难

视野指的是宇宙刚刚诞生时传递出来的信号，在一定时间内走过的最远距离。这是能够彼此产生影响的空间中两个点之间的最大距离，或者说是有着因果关系的最大距离。这个距离和宇宙的年龄成正比。依照标准宇宙模型，我们可以知道大统一时代的尺度是3厘米，而此时的视野是3×10^{-26}厘米，两者相差26个量级！也就是说，在大统一时代，这个尺度范围内包括了没有因果联系的区域，并且高达（10^{26}）^{3}=10^{78}个。

我们现在观测到的尺度范围内的物质分布差不多是均匀的。不过，世界上不会出现没有缘故的均匀，均匀是通过彼此影响而达到平衡形成的。如此，这个均匀怎么会是由10^{78}个没有因果联系的区域形成的呢？没有因果联系的区域之间无法彼此产生影响而使它们的密度相同，又怎么会令10^{78}个无因果联系的区域都有相同的密度呢？这就是视野疑难。

准平坦性疑难

宇宙早期的物质密度与临界密度非常相似，只有10^{-55}量级的偏差程度，这个偏差小到让人不可思议。

宇宙早期的物质密度为什么和临界密度如此接近呢？宇宙早期的空间性质为什么和平直空间如此接近呢？这些都是难以回答的问题。除非有特殊机制做保证，否则难以想象如此接近的情况是在偶然间形成的。

磁单极疑难

我们知道，电荷有正电荷和负电荷两种，质子带正电，而电子带负电。正负电荷之间存在一小段距离，可以组成一个电偶极。电偶极的总体是电中性的，但包含了电偶极矩。正电荷和负电荷属于电单极。尽管磁也分北极和南极，就如电荷有正负之分一样，但磁始终以偶极方式存在，从来不会出现磁单极（magnetic monopole）。这里的磁单极指的就是带有净“磁荷”的粒子，也就是磁北极或者磁南极。

20 世纪 30 年代，狄拉克在研究电荷量子化时首次提出了“磁单极”这个词，他预言如果发现了磁单极，电荷的数量为什么总是电子电荷的整数倍就得到了合理的解释。后来，大统一理论也预言了存在磁单极。依据大统一理论的计算结果，磁单极的质量大约是质子质量的 10^{15} 倍，重约 0.02 微克。一个微观粒子的质量竟然如此之大，几乎达到了可以用宏观精密天平进行称量的程度。

磁单极几乎不会湮灭，在宇宙膨胀的过程中，磁单极会由于体积膨胀而不断增大，但密度一直在减小。现在的磁单极的密度大约是每立方厘米 2×10^{-8} 克，如果真是这样，应该很容易找到磁单极。然而事实是，从来就没有发现过磁单极。同时，由于磁单极的质量非常大，按照这样的计算，在宇宙中的密度大约是每立方厘米 3×10^{-16} 克。根据这么高的密度推算，现在的宇宙的年龄将会非常年轻，仅仅是几万年而已，这令人感觉十分荒谬。但这就是磁单极疑难。

暴胀宇宙模型

上面讲到的这些疑难，关键点都在于宇宙的膨胀速度太慢了，如果想解决这个难题，需要先找到一种能够证明宇宙在一段时间内曾迅速膨胀过的机制。1981 年，古斯（Guth）首先提出宇宙早期可能存在快速膨胀阶段，并将之称为“暴胀宇宙学”或“暴胀宇宙模型”，这个模型后来又经历了多次发展。

在大统一时期之前，宇宙处于真空对称状态。当温度下降到临界温度时，会达到对称状态向着破缺状态转化的条件，但由于存在较大的势垒，所以宇宙暂时继续对称状态。随着宇宙的膨胀，当温度低于临界温度时，破缺状态就成了真的真空。由于势垒还是较大，因此宇宙仍然保持一段时间的对称假真空状态。我们常常见到与此相似的情况，比如从气体到液态的相变中。在一个大气压下，一盒水蒸气的温度下降到 100℃时，假如水蒸气足够纯净，就不会凝结成水。就算继续冷却，水蒸气依然会以低温蒸汽的气态形式存在，而不会立刻转化成水。同样的道理，当宇宙温度下降到小于临界温度时，它的真空也会停留在过冷亚稳对称状态一段时间，因此在这段时间中，宇宙的亚稳对称假真空状态的能量或者质量密度并不为零。

更形象一点的表述是，宇宙处于过冷状态，就好比 0℃以下的水是过冷水一样。这个时候，粒子和辐射这两种成分在宇宙膨胀中的作用非常小，真正会造成影响的是真空状态。真空压力为负，相当于一种排斥力。换言之，在宇宙处于过冷真空状态时期，是排斥力在起主要作用。由于受到排斥力的作用，宇宙膨胀的速度会加快，这种加速度导致宇宙迅速膨胀，这就是暴胀。

暴胀阶段的指数式膨胀与标准模型中早期宇宙的膨胀规律相比是极其快速的。依据大统一理论，我们可以估算出过冷对称相的真空能量密度，由这个结果也可以得知暴胀阶段的持续时间会超过 10^{-32} 秒。因此，在这么短的时间内，宇宙尺度的暴胀竟然超过了 10^{43} 倍。

在前文我们已经详细介绍过，根据标准模型计算，与现在所观测到的尺度相对应的大统一时期的尺度要比视野大了 26 个量级。如今再看，那个尺度应该是高估了 43 个量级。换句话说，考虑到暴胀，与现在观测到的尺度相对应的大统一时期的尺度仅是视野中的组成部分中的极小一部分，因此在因果影响的范围内，视野疑难也就消失无踪了。

对于暴胀宇宙学而言，无论是在宇宙早期的无量钢密度，还是现在的密度，都非常接近 1。因此，暴胀宇宙学也提示我们，宇宙应是严格平直的，或者说应是爱因斯坦–德西特宇宙。从这个角度来看，准平坦性疑难也得到了解决。

同样的道理，由于考虑到了暴胀因素，现在所观测到的宇宙只是暴胀前破缺产生的一小部分均匀真空区域。如此，只会出现在不同真空交界处的磁单极也就难以见到，甚至几乎不存在了。故而磁单极疑难也不复存在。这似乎表明，尽管现在没有观测到磁单极，但并不表示它不存在，而是现在所观测到的宇宙范围内缺乏了磁单极生成的条件。

暴胀宇宙学借助于粒子物理中的真空相变概念，将宇宙很早期的 10^{-34} 至 10^{-32} 秒小范围内进行了修正，顺利地解决了标准宇宙学中的几大疑难，并且没有破坏标准宇宙学中的原有成果。暴胀宇宙学预言，宇宙中存在着许多非重子物质，而宇宙暗物质的主要成分或许就是非重子物质。

微波背景辐射

大爆炸宇宙论的预言

1963年年初，彭齐亚斯（Penzias）和威尔逊（Wilson）为了研究射电天文学，将一台卫星设备改装为射电望远镜。他们不断提升测量精确度，同时还尝试降低系统的噪声温度，将天线温度的测量误差降低到0.3K，进而得以观测到3.5K的宇宙背景辐射。这种辐射被确认为宇宙大爆炸时期的残骸，成为研究大爆炸理论的重要依据。在现代宇宙学上，它的发现具有非常重要的贡献，仅次于哈勃对河外星系红移现象的发现，被公认为20世纪天文学上的一项重大成就。彭齐亚斯和威尔逊也因此获得了1978年的诺贝尔物理学奖。瑞典科学院在颁奖词中指出，这项发现最根本的意义在于，它让我们得到了宇宙创生初期所留下的信息。

迪克错失发现良机

学术界对于伽莫夫、阿尔弗和赫尔曼的预言不以为然，并将预言搁置了十几年，而他们自己也没有对自己的理论进行更深入的完善，并且也对天文学观测不太重视。事实上，当时宇宙微波背景辐射痕迹已经在一些观测中得以表现，由于宇宙在复合时期残余的辐射到现在已属于射电微波波段，因此只能通过射电望远镜进行观测。20 世纪 40 年代，射电望远镜使用的天线都很短，接收机的噪声温度很高，所以灵敏度并不高。美国麻省理工学院的迪克在 1945 年研制了一台射电望远镜，它的波长是 1.25 厘米，但抛物面天线的口径仅 45 厘米。迪克通过这台射电望远镜对太阳和月亮的射电辐射进行了观测。在这个波段上，地球大气也会产生辐射，并且比较强。为了排除大气辐射的影响，迪克开始精确测量 1.25 厘米波段上的大气辐射，却在无意中观测到温度为 20K 的“天空背景辐射”。他推测，这种辐射并不是地球大气造成的，而是宇宙中广泛分布的各种星系和射电辐射造成的，迪克将这种辐射称为“宇宙物质辐射”。

事实上，迪克发现的这种辐射就是后来所说的微波背景辐射，但由于当时的射电望远镜没有那么高的精确度，人们对于大爆炸宇宙模型的熟悉程度也比较低，因此迪克当时并没有把自己的发现和微波背景辐射联想到一起。更有趣的是，1946 年的《物理学评论》第 70 卷中同时刊载了迪克关于“宇宙物质辐射”的观测结果和伽莫夫关于“核合成”的一篇论文，但 20 年后，这两篇文章之间存在的密切联系才被人们发现。假如伽莫夫在那时就关注并阅读过迪克的文章，就可能会将迪克的观测结果与自己预言的“宇宙微波背景辐射”联系在一起；

又或者，如果迪克拜读了伽莫夫的论文，可能也会受到许多启发，进而发现3K宇宙微波背景辐射。如此，也就轮不到彭齐亚斯和威尔逊了。迪克错失了发现宇宙微波背景辐射的良机，而伽莫夫等人也失去了一次检验自己理论的时机。

迪克于1946年回到母校普林斯顿大学任教。20世纪60年代初期，迪克开始研究宇宙学，但他对于伽莫夫的大爆炸宇宙学仍然存疑。他认同的是永久振荡宇宙模型，也就是认为宇宙会周而复始地膨胀和收缩，目前宇宙正处于膨胀时期。他推测，在“振荡”（oscillation）过程中，宇宙可能留下了能够观测到的背景辐射。迪克让自己的研究生皮布尔斯对振荡模型中的宇宙温度变化情况进行计算。有趣的是，他们得出的结果显示，宇宙中充满着一种温度为10K的背景辐射。迪克在这个时刻才想到20年前自己发现的温度为20K的“宇宙物质辐射”，进而推测这种辐射应该就是“振荡”过程中表现出来的微波背景辐射。1964年，迪克鼓励两位研究生继续对这种辐射进行深入研究，他们还为此研制了射电望远镜。但遗憾的是，他们的研究观测尚未正式开始，彭齐亚斯和威尔逊就已捷足先登，并凭此获得了诺贝尔物理学奖，迪克再次与机遇擦肩而过。

错失良机的并不只有迪克，著名的工程师、彭齐亚斯和威尔逊的同事奥姆也在宇宙微波背景辐射的发现中慢了一步。当奥姆曾经使用贝尔实验室中的喇叭状天线对宇宙进行测量时，他发现了温度为3.3K的多余噪声，并于1961年将这个测量结果发表在了《贝尔系统技术杂志》（*Bell System Technical Journal*）上。不过，由于这个多余的噪声温度比实验误差还小，而且不会对通信造成影响，所以并没有引起人们的关注。

戏剧性的发现

20 世纪 60 年代，彭齐亚斯和威尔逊在贝尔实验室对射电天文进行研究。他们当时的任务只是调试一个为了回升卫星计划建造的 6 米角型反射天线，这与天文毫无关系。由于需要确定背景噪声，因此他们需要测量天线指向天顶时的天空亮度。通常情况下，用温度来表示天线测到的天空亮度，相当于这个温度下相同频率的黑体辐射的温度。彭齐亚斯和威尔逊测到的温度是 6.7K，其中已知来自大气层的温度是 2.3K，而天线内部欧姆损耗是 0.9K，那么，剩下的 3.5K 噪声来源于哪里呢?

关于天线中的不明噪声，贝尔实验室中早就存在这一问题，只是一直被人们忽视。彭齐亚斯和威尔逊非常执着地想要将这个问题研究清楚，并为此花费了大量心力。由于担心是设备的问题，他们将天线拆开，果然发现里面有一窝鸽子。他们将鸽子弄走，清理掉鸽粪，但仍没有消除不明噪声。接下来的各种努力也都无法确定不明噪声源于什么地方，唯一能确定的是排除了来自于天线内部或者附近环境这两个因素。由此，他们猜测这个不明噪声是一个来自遥远地方的辐射信号，但到此时他们并没有意识到这个发现的重大意义。幸运的是，普林斯顿大学与贝尔实验室毗邻，贝尔实验室的宇宙学家们对于温度为 3K 的微波背景的意义太清楚了。于是，两组人员在经过讨论之后，各自写出了一篇论文，并同步发表在天体物理学杂志上。

在宇宙学发展史上，微波背景辐射的发现无疑是最重大的事件之一，它验证了大爆炸宇宙学的预言。至此之后，我们对宇宙图像的认识越来越深刻。

宇宙的组成

地球上我们已知的同类原子组成了普通物质，而原子核中包含着质子和中子。原子核外面是高速旋转的电子，其数目等于质子数目，但原子被电离时，会有一些电子逃离原子。原子可以结合在一起成为分子，而分子又可以结合成地球上我们能看到的一切物质。由于原子可以发光，因此我们通过观测星光得知恒星的组成部分也是原子。不过，当天文学家对更大的天体进行观测，如星系外部或者星系团时，他们发现在发光气体和恒星中观测到的物质量，无法通过引力将天体束缚在一起，因此他们假定还存在一种物质，但由于太暗而不能通过辐射被我们所见，这就是暗物质。

最新观测显示，物质和能量的总密度可以用平坦宇宙所需的临界值表示。在这个总的临界值中有约 1/3 是物质，另 2/3 是暗能量，但对其本质特征并不清楚。普通物质约占总数的 5%，而明亮恒星仅占 0.5%。那么不在明亮恒星中的普通物质在什么地方呢？对于至少某些失踪的普通物质而言，热星系气体可能是很重要的候选者，Con–X 将对这一假设进行验证。暗物质的本质更是一个难解的谜团，因为它不是由原子构成的物质。某些暗物质是由宇宙大爆炸遗留下来的中微子组成的。虽然由于它们质量的不确定性，无法确定它们占据的比例，但天体物理观测显示，中微子绝对不能说明暗物质的主要部分。大家相信其他暗物质是运动相对缓慢的粒子或者天体，又被叫作“冷暗物质”。现代天体物理未解决的重大问题之一，就是研究这种冷暗物质的本质特征。

宇宙的构成：宇宙中的物质和能量的2/3是一种未知形式的暗能量，这种暗能量是宇宙的膨胀速度加快而非变慢的因素。对于另外1/3则以物质形式存在，其主体是暗物质，我们推测它是由宇宙诞生后早期遗留下来的运动缓慢的粒子（冷暗物质）组成的。在总量中，所有形式的普通物质仅占5%，其中只有约10%是明亮恒星，而所含的重元素（周期表中质量比较大的元素，如碳、氮、氧等）非常少。近几年的观测表明，中微子是有质量的，因此粒子暗物质的概念得以加强，在宇宙中所占的份额几乎与恒星相同。

通过引力透镜观测，我们可以对暗物质的分布状况进行研究。天文学家在对星系团中的暗物质分布或者星系周围的暗物质分布进行观测时，引力透镜都是一个极佳的帮手。在未来的10年中，用LSST和其他望远镜进行大天区星系普查，都可以绘制出超团尺度暗物质分布的透镜数据，这些数据对于研究大尺度结构的增长有着非常重要的作用。

暗物质构成的主要可能性有两种：一是宇宙创生的最初时刻留下来的基本粒子；二是恒星质量的天体，也就是大质量致密晕天体，表示为$MACHO_S$。这两种候选者的质量相差57个量级以上，是该领域中不确定性的标志。

理论学家推测，虽然MACHO$_S$非常暗，以致无法通过它们自身的辐射进行探测，但正如我们前面所讲的，引力透镜的应用弥补了这一缺陷：当MACHO$_S$经过恒星面前时，背景恒星的光会变强。十几年前，有些探测小组就独立地发现了这个现象，只是与星系相比，透镜的质量太小了，所以被称为微透镜。关于MACHO$_S$的本质，人们一直没有找到答案。它们是普通物质形成的恒星呢，还是陌生物质组成的天体呢？如果想要解决这个问题，必须准确测量出它们的质量，但就算是现在，也还无法做到这一点。最佳的推测方法是：已知MACHO$_S$的典型质量要稍微小于太阳的质量，如果能够求出被MACHO$_S$成像的恒星的视运动，通过SIM或许可以确定MACHO$_S$的质量。对于微透镜的研究有几个重要的副产品，包括分辨被透镜的恒星表面，通过微透镜应当可以观测到类似于地球大小的行星。

我们到现在还不知道对银河系中的暗物质而言，MACHO$_S$起着什么作用，假如是普通物质构成了MACHO$_S$，它们不足以解释已知存在于宇宙中，甚至银河系中的暗物质主体。这样的状况令全世界许多实验室都在进行一系列的努力研究，尝试寻找能够将银河系束缚住的粒子暗物质。美国正在进行的两个重要项目，一是制冷暗物质搜寻者Ⅱ，它的主要任务是搜寻具有原子质量且被称为中性伴随子的粒子；二是轴子实验，它的主要任务则是搜寻一种非常轻的被称为轴子的暗物质粒子。在超弦理论中有一个关于中性伴随子存在的预言，超弦理论是一个试图将引力与其他自然力联系在一起的大胆而有着很大希望的尝试。如果能发现中心伴随子或者轴子是将银河系束缚在一起的暗物质，那么不仅天体物理学中的暗物质问题能得到清楚的解释，也为研究自然界中的基本力和粒子的统一奠定了基础。

宇宙的结构

宇宙大爆炸瞬间微小的量子涨落星系尺度以下的宇宙结构埋下了种子，为了弄清楚这些“种子”是如何形成宇宙中的大尺度结构的，需要对现在星系的分布状况进行研究。十多年前进行的星系巡天的最大成果，就是发现有些巨大空洞仅包含少数星系，另一些尺度达到300亿光年的星系密度增高区域。星系巡天向我们揭示，这是宇宙中密度变化的极限，宇宙在更大尺度上看起来是十分平滑的。正在进行的巡天则将为我们展示更为精确的与宇宙相邻的星系分布图，特别是斯隆数字巡天（SDSS）。

宇宙中最古老的辐射——宇宙微波背景（CMB）是导致微小量子涨落的直接证据。宇宙大爆炸后仅数十万年就出现了这种辐射，当时这种辐射的温度低于太阳表面温度。由于宇宙膨胀的过程中引起的冷却，现在这种辐射的温度大约下降到原来的千分之一，也就是在零度以上约3℃。1989年，宇宙背景探测者卫星（COBE）成功发射，它仔细观测了这种辐射，并得出了非常精确的数据。这些数据表明，这种辐射具有黑体谱，与研究者的理论预言相符。同时，观测数据也显示了辐射强度中微小的空间起伏，这种起伏所指示的密度涨落能够形成宇宙中能观测到的大尺度结构。COBE 的观测首次为我们进行宇宙学推测的基本模式提供了直接的经验证据，也为这个领域所有的后续工作建立了定量基础。

COBE 卫星在设计时，其角分辨率非常低，因此只能观测到背景辐射中的最大尺度结构。背景辐射中较小尺度的特征则对宇宙中的物质和能量有着一定的依赖。借助于 SDSS 和超新星之类红移发生概率较低的研究得到的数据，我们能够确定宇宙的基本性质，包括宇宙的年龄，它所包含的物质、能量密度等。最新的观测显示，宇宙物质和能量的重密度几乎等于保证宇宙几何平坦需要的数值。美国国家航空航天局研制出来的 MAP、欧洲航天局（ESA）的 Plank 巡天卫星、地面宇宙背景成像器以及未来的气球观测等，都将大大提高宇宙背景辐射研究的灵敏度。这些设备不仅可以达到更高的精度以测量宇宙学的基本参数，还可以严格检验许多流行的宇宙学理论。地面研究改变了测定出来的星系团内的热气体形成的背景辐射谱的形状，借助于 Con–X 观测到的这种热气体的性质，研究人员就能测量出星系团的距离，约束哈勃常数值（Hubble constant），进而测量宇宙中的大尺度几何。

这些设备刚开始研究的一个部分就是宇宙微波背景的偏振。宇宙大爆炸后最开始那一刻对引力波的影响促使背景辐射出现偏振。对于这种偏振的性质，下一代卫星 CMB 可以更加精确地进行测量，进一步对流行的暴胀宇宙学模型进行验证，并同时阐明地球加速器无法到达的宇宙中能量发生的物理变化。

宇宙的演化

正如我们在前面讲过的，大爆炸理论引领我们追溯宇宙的演化，直到探索到它起源于基本粒子混合的时刻，即最初的若干微秒。一些很有希望的观点认为，可以把对宇宙的追溯往前拉到粒子存在之前，那时量子涨落甚至是宇宙中最大的物质。那么大爆炸以来宇宙的膨胀是如何进行的呢？通过观测辐射的红移变化，我们能够对宇宙的膨胀进行测量。某个天体发光的红移越大，那么宇宙在这个辐射地方发出的膨胀就会越多。红移和时间的关系（宇宙钟的定标）对辐射是多久以前发射出来的起了决定作用。时间在光速作用下转化为距离，这一关系同样可以用来确定宇宙的几何状况，也就是空间是平直的还是弯曲的。哈勃参数（Hubble parameter）的常数决定了当前的膨胀时标（expansion time–scale），膨胀时标又确定了红移和距离的关系。哈勃参数的常数值可以通过 HST 或者其他望远镜测量出，精确度大约为 10%。

只有知道了宇宙膨胀如何随时间加速或者减速，才能从哈勃常数的测量值中推导出宇宙的年龄。宇宙中物质的总密度（普通物质和暗物质）和可能的非零“宇宙学常数”决定了宇宙的膨胀史。“宇宙学常数”或许表示着一种“暗能量”。这些参数决定了宇宙的几何性质以及未来发展趋势，那就是宇宙是会继续膨胀，还是会再次坍缩？

由于两组独立的观测，我们发现了暗物质。首先，有人找到了一种方法，通过 Ia 型超新星亮度下降的速度确定了它的光度。然后，通过光度测量或者计算它的亮度确定或计算出它的距离。得出的结果是，遥远的超新星亮度要比预料中的暗一些，这说明宇宙的膨胀速度在加快。再参考其他数据，对超新星的观测可以得出如下结论，暗能量在物质和能量的总密度中或许占据了 70% 的比例。其次，对宇宙微波背景涨落的观测强烈提示：宇宙确实是平直的，因此可以用它的临界值表示物质和能量的总密度。由于对星系团质量的估计，让我们知道宇宙中的物质密度大约是临界值的 30%，故暗能量就一定占据了剩余的 70%。借助于测量出来的哈勃常数值，以及物质和能量的估计值，我们推测出宇宙的年龄大约是 140 亿年。

对于这些观测数据，未来的观测者和理论家将努力理解并认真研究。证明暗能量的存在，并且具有与物质竞争的密度，将是一项重要且具有最基本意义的物理发现。宇宙微波背景观测将会得出更精确的包括普通物质密度在内的宇宙学参数值。通过 LSST 发现更多的超新星，然后用其他的地面仪器和空间望远镜进行更加精确和灵敏的测量，我们就可以以更高的精度标定宇宙时钟。那时候，我们将会知道，宇宙常数会像爱因斯坦假设的那样是恒定不变的，还是像其他流行理论学提出的那样随着时间演化。

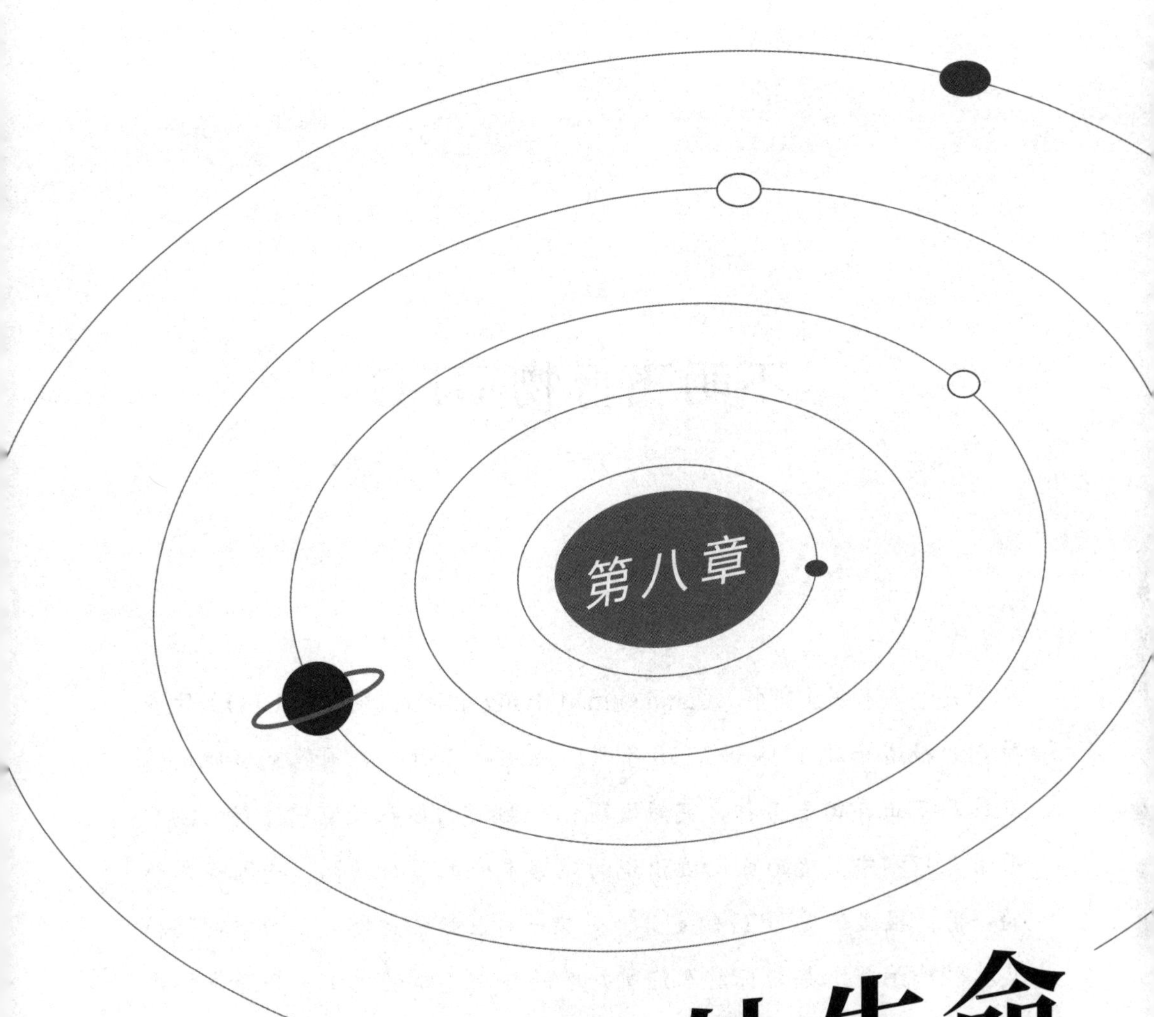

探索地外生命

不明飞行物 UFO

关于“不明飞行物”（unidentified flying object，缩写为 UFO）的最早期的报道出现于 19 世纪 70 年代。1878 年 1 月，美国德克萨斯州的农民马丁正在田里劳作，突然发现一个圆形物体在天空中飞行。UFO 通常是指空中或者地面附近出现的能够发光的飞行物体。美国空军部的一份情报文献对 UFO 的定义，是指一种在性能、空气动力学特征和某些特殊细节上都与目前人们所知道的任何类型的飞机、导弹等物体不同，并且也不能被认为是常见的气球、天体、鸟群等物体的飞行器。

UFO 的出现没有规律可循，而且转瞬即逝，加上存在太多不切实际的描述，因此就算是最出色的科学家也无法对 UFO 的所有报告资料进行清楚的解释。基于此，在 1948 到 1969 年的 22 年中，美国空军制订并执行了著名的“蓝皮书计划”（Project Blue Book）。这项计划资料丰富，包括 12600 份目击报告，其中有 12000 份报告中的 UFO 已被确定为已知物体，如飞机、气体、云彩、流星、鸟群、人造卫星以及光线反射等，但另外一些报告却完全无法用物理规律或者大气现象进行解释。

经过分析，UFO或许只是一种自然现象，又或许是一种幻觉。蓝皮书中记录了1948年发生的著名UFO事件："1948年7月24日凌晨3点40分，两位驾驶着DC–3型飞机的驾驶员发现一个物体迎面从他们的右上方飞速掠过，上升至云中消失不见，整个过程大约持续了10秒钟。这个飞行物好像安装有类似火箭或喷气的动力装置，尾部可以发射出十几米长的火焰。这个物体没有翅膀，也没有显著的凸起物，但却有着两排发亮的窗户。"实际上，经过比对，那天夜里正好出现了流星雨，所以这个奇怪的物体被证实只是一颗远处划过的流星。

我们常说眼见为实，但事实上并不能太相信自己的眼睛。人眼有着非常大的生理局限性，常常会"欺骗"我们，例如有时会将一些小圆点看成一条直线，有时将某些不规则形状的东西看成熟悉的物体，甚至因为受到观察角度或者天气条件的影响，视力非常好的人也会将一颗星星或者一架飞机看成是其他物体。我们来看一个很有代表性的例子：1955年3月3日夜间，天文学家门泽尔飞行在白令海峡附近的北极地带时，猛然发现一个闪烁着红绿两色光芒的明亮物体，从地平线的西南方向朝他的飞机射来，这一物体在离飞机大约100米的地方突然停了下来。这一飞行物的直径大约是满月直径的1/3，它一会儿消失在地平线上，一会儿又出现。门泽尔冷静下来才意识到，这应该是天狼星的模糊形象，它的时隐时现只是因为远处群山不时挡住了星光。

随着物理学家康顿主持的一项大型学术活动的调查，蓝皮书计划宣告结束。康顿的这项调查结果记录了1500多页，得出的结论是，没有确实的证据表明UFO是天外来客，因此，这样的调查可以停止了。

地球生命之源

生命来自于海洋的说法

通过恒星的演化过程，我们有理由认为，地球在诞生时周围就有一个原始大气层，大气层的主要成分是氢的化合物，包括水蒸气、氨、甲烷、硫化氢以及氰化氢等。或许还存在着一个由液态水构成的海洋，海水溶解了大气中的各种气体。生命要在一个这样的世界形成，简单分子就必须结合形成复杂分子。一般情况下，这个形成过程需要耗费能量，海洋被太阳光及其紫外辐射照耀，可以提供小分子结合成较大分子所必需的能量。

1952 年，美国化学家米勒和尤里试图通过实验寻找一些较大的分子。他们制备出一些被认为可能存在于地球原始大气层中的物质的混合物，然后以放电作为能源，让这些混合物接受一段时间的照射。最后，他们发现这些混合物中含有一些原来没有的比较复杂的分子，而且还发现了其中所包含的氨基酸，这是用来制造重要化合物的原料。不过截至目前，即便凭借最丰富的想象力，仍然没有形成能够被称为生命的东西。只是，我们现阶段仅仅使用少量液体进行研究，每个阶段也仅持续几个星期。对于原始地球来说，海洋中的海水受到阳光照射的时间长达十几亿年之久。真实情况可能是这样的：在阳光的照射下，海洋中的分子渐渐变得越来越复杂，到最后，在某些未知元素的影响下形成了某个分子，而这个分子能把较简单的分子组成与它自身相似的另一个复杂分子。于是，生命出现并开始延续，逐渐演变成了如今的形态。我们会发现，“生命”的原始形态比现在最简单的生命还要简单，但它们在当时已经是非常复杂的结构了。

与铁在潮湿的空气中一定会生锈一样，或许生命的出现并不是一种奇迹，而是各种分子沿着一条捷径彼此结合在一起的结果，这似乎是非常确定的事情。对于原始地球而言，生命的形成是一种必然现象。同样的道理，对于物理性质和化学性质与地球相似的所有其他行星来说，也一定会有生命形成，虽然那可能是不具有理性的生命。

生命来自于太空的说法

20 世纪初期，瑞典著名的化学家阿列纽斯（Arrhenius）提出了电离理论学说，与此同时，他还提出了宇宙胚种论。他认为，地球生命是以原始生命孢子从宇宙空间来到地球上为发端的。生命孢子能够长时间忍受宇宙中的寒冷和无空气的环境。阿列纽斯确信，辐射压力是携带生命孢子从一个星球到达另一个星球的动力。因此他得出结论，宇宙中到处存在着生命的扩散。

不过，阿列纽斯理论存在着两个难以解释清楚的问题。第一，虽然孢子能够忍受寒冷和真空，但对于紫外线等其他能量辐射却无法承受，而宇宙空间中，至少在星球周围到处是这样的能量辐射，孢子是否能在这样的条件下生存要打一个大问号。第二，孢子理论没有对生命的起源进行清楚的解释，并且回避了有生命的孢子形态是否存在这个问题。如果生命来源于另一个世界而不是地球，当它到达地球之后是以有生命的孢子形式存在，那么另一个世界的生命是如何来的呢？

虽然地球生命来源于天外的提法受到类似上述的质疑，但仍然有许多学者发表了各种假说。20 世纪 70 年代末期，英国天文学家霍伊尔（Hoyle）认为，生命来源于遥远的外太空，而非地球。还有一些人认为，是彗星或其他地外天体靠近地球时，将早期生命的种子带到了地球上。

在地球尚未形成、整个太阳系都被分子云所包裹着时，生命就已经形成了。不过，当太阳要从分子中“脱胎”而出时，它所吹出的强劲恒星风将包围它的原始物质吹散了。太阳周围再也没有这样的物质了。但幸运的是，宇宙空间中还存有一些分子云，在我们研究生命形成的过程中，它们有着如同“化石”般重要的作用。通过大型射电望远镜能够观察到来自这些分子云的辐射，从而可以对分子云在不同演化阶段的物理特征和化学组成进行研究，确定其形成过程，在分子云中建立分子演化链。天文学家目前已经观测到了 90 多种分子，其中大部分属于有机分子。对于银河系来说，猎户座大星云是人们研究得最仔细、最透彻的天体，人们在这个星云中已搜寻到 60 多种星际分子。因此，猎户座大星云也成为现在许多科幻片的创作背景。

探索太阳系

人类从来没有停止过对外星生命的探索。最初的探索对象是月球，有人大胆设想月球上存在着智能生物，并且由此想象出了许多故事；更有人提出月球是外星人建造出来的空心球体，这里面存在着许多以人类现有技术无法探知的秘密，类似月球内部可能是一个神奇的生态系统，有着非常先进的文明，这里或许是外星人研究地球的驿站等，好在这种毫无根据的想象很快被理性的人们抛诸脑后。

其实，只有满足一系列生物生存的必要条件，生命才能在行星上形成并逐渐发展。例如，行星上的生命诞生、存在和发展都与自身能发光发热的恒星密切相关。根据恒星演化理论，气体尘埃云的收缩形成了恒星。一般情况下，密度很低的原始星云会在自身引力作用下慢慢收缩，逐渐变成一个自转的扁平圆盘，中央部分则因密度比较大、温度比较高，于是在热核反应过程中形成了恒星，而其周围的物质盘就逐渐形成了如太阳系这样的行星系统。

地球上有着充足的水和含氧丰富的空气，又有适宜的温度，这与地球和太阳之间的距离等条件有着密切关系。水星的昼夜温差极大；金星大气中的主要成分是二氧化碳，存在着严重的温室效应，生物根本无法生存；火星上的条件尽管与地球相似，但似乎并没有发现存在生命，而且还不知道火星上面是否有水资源。十几年前，宇宙飞船进行空间探测时，发现木星和土星上也都没有生命存在的迹象。太阳系中的天王星、海王星以及冥王星因处于偏远位置，它们的环境也不适宜生命存在。截至目前，所有对太阳系进行的观测结果都表明，除了地球之外，始终没能发现和证实还有哪个星球适于生命存在。

探索银河系

银河系是一个直径约为10万光年的盘状星系，主要由恒星、气体和尘埃组成，年龄在100亿到150亿年之间，包含的恒星数目大约是一两千亿颗，其中至少有数十亿颗恒星与太阳极为相似。天文学家推测，在所有恒星中，至少应该有数千万颗恒星周围是有行星围绕运行的，而这些行星中又至少有数百万颗具有适宜生命存在的环境条件。如果生命不是上帝创造而是在自然条件中形成的，那么银河系中至少应该有上万个行星上有生命存在。或者保守一点讲，银河系中至少存在几百个生存着智慧生命的高级星球。

一些人认为，在漫长的150多亿年中，如果一个存在智慧生命的星球拥有高度的文明（掌握了通信技术和星际航行的能力），那么在5000万到1亿年的时间内，无论是智慧生命还是文明，都应该扩张到整个银河系——从一颗恒星传递到另一颗恒星上。不过，当我们观测周围的宇宙空间时，从来没有发现哪个天体存在大量智慧生物，而且也没有充分的证据显示外星人曾经拜访过地球。

对于探索太阳系之外围绕着恒星运行的行星，到现在依然是一件艰难的事情。虽然天文学家早已意识到，长期且精确地观测某个恒星的运行情况，研究它是否会出现摆动现象，就有可能发现围绕在它周围的暗弱伴星。不过，现在探测地外行星系统的技术还不够灵敏和完善，而且观测到一颗恒星的摆动，还只是寻找行星存在的一种间接方法。直接的检测意味着必须得到一颗行星的图像及其可以测定的准确位置。1983 年，第一颗红外天文卫星 IRAS 发射成功，它传递回地球一条振奋人心的宇宙信息：明亮的织女星周围存在着一些固体团状物质，只不过这些物质的温度非常低。于是，人们推测，那里可能有一个“太阳系”正在缓慢形成，那些团状物质应该属于正处在凝聚过程中的年轻行星。如果那里的自然环境适宜生命繁衍，那么在未来，这些行星上也可能会出现外星人。

绿岸公式

1991 年 11 月，一场学术研讨会在美国西弗吉尼亚州绿岸镇附近的国立射电天文台举行，天体物理学家德雷克（Drake）在会上提出了一个著名的方程，后来被人们称为“绿岸公式”，这是天文学术界对地外智慧生命进行定量分析的第一次尝试。

德雷克的“绿岸公式”是：$N=R\times n_e\times f_p\times f_l\times f_i\times f_e\times L$。在这个公式中，$N$ 表示银河系中能够观测到的技术文明星球的数量，它是由等式右边 7 个数字的乘积决定的。R 表示银河系中与太阳相似的恒星的形成率，也就是每年平均可以形成的类似太阳的恒星颗数，因为通常情况下只有像太阳这样的恒星才能孕育出智慧生命。n_e 表示在可能拥有自己行星的恒星中，其生态环境适合生命存在的恒星的平均颗数。f_p 指的是光度恒稳，能长时间照耀并能满足形成智慧生命演化所需条件的恒星，即所谓的“好太阳”的颗数。f_l 代表的则是已经出现生命的行星在可能存在生命的行星中所占的比例。f_i 表示已经拥有智慧生命的行星数目，因为低等生物演化到智慧生命的概率毕竟很小。f_e 表示的是在这些已经有智慧生命的行星中，已经达到先进文明的高级智慧生命的行星（能传递星际电磁波联络）的比例。L 表示拥有先进文明世界的平均寿命，因为只有长时间持续发展的文明星球才有可能进行星际互动。

“绿岸公式”以等号右边 7 个数的乘积形式表示，但现在还不知道这些因子的具体数字。在公式中，有些因子能够用近似值表示（如 R），有些因子是完全主观的（如 L）。有些学者提出，除了 L 外，其余因子的乘积表示的是银河系中能够检测到的文明星球的产率，从而得出结论，银河系中高级文明星球的数目在 40 万至 5000 万之间。美国著名科普作家阿西莫夫（Asimov）也曾提出过一个公式，这个公式与“绿岸公式”非常相似，他以这个公式推测银河系中存在的文明星球大约有 53 万颗。

“奥兹玛”计划

20 世纪 60 年代，美国西弗吉尼亚州西部绿岸镇附近的国家射电天文台开始试图接收地外文明星球传递的无线电信号。这项工作于 1960 年 4 月 11 日正式启动，被命名为“奥兹玛计划”（Ozma project），其组织者正是美国射电天文学家德雷克。在神话传说中，“奥兹”是一个遥远且难以抵达的地方，一位名叫“奥兹玛”的公主就居住在那里。于是，“奥兹玛”这个名字就寓意“搜寻遥远的地外文明”，搜索“外星人”的信息。

德雷克和他的工作伙伴通过一架口径 26 米的射电望远镜，利用 21 厘米的波长来接收信号。选择这个波长是有一定条件的。不过，我们如何推测外星人会使用什么样的波长呢？物理学家认为，宇宙中含量最多的元素是氢，因此根据常理推测，智慧生物对氢元素都非常熟悉。而 21 厘米的波长恰好是氢原子发出的微波的波长，它可能是被宇宙间所有智慧生物研究得最透彻，也是被运用得最熟练的。

德雷克研究团队首先通过射电天线对恒星鲸鱼座中的 τ 星进行研究，这是一颗类似于太阳的恒星，它与地球之间的距离大约是 11.9 光年，但结果让人沮丧——研究团队毫无收获。后来，他们又开始研究波江座中的 ε 星，开始时接收到了一个无线电信号，这个信号的强度是每秒 8 个脉冲；10 天后，他们再次接收到了这个信号，不过，这并不是期待中的“外星人”传递过来的信号。“奥兹玛计划”进行了三个月，最终没有收获任何成功的结果。虽然如此，它作为人类寻找地外智慧生命的起点，功不可没。

关于接收外星人信号的各种困难，德雷克教授指出：“我们对整个天空的研究好比大海捞针，即使有阿雷西博那样强大的望远镜助力，依然需要向 2000 多万个方向进行探测。”不过直到现在，我们也只是监测到地球附近的几千个星球而已，而且频率范围也非常有限。

美国哈佛大学天体物理学家保罗·霍罗威茨（Paul Horowitz）等人于 1985 年开始进行一项寻找外星人的新计划，这项计划被命名为“太空多通道分析”计划（META）。他们用 800 多万个不同频率，进行高度自动化探测。但令人心酸的是，随着波段上万倍的大量增加，工作量猛然增多，覆盖整个天空一次就需要长达200到400天的时间，美国、苏联、澳大利亚、加拿大、德国、法国、荷兰等国家先后加入了这一探索计划。

在“奥兹玛计划”之后，国际上已经出现了包括“太空多通道分析”计划在内的多种探测地外智慧生命的计划。人们达成了一个共识：如同地球上人类的情况一样，地外“太阳系”中很可能会形成生命，因此探测目标应该集中在类似于太阳的星球上；射电望远镜能够“听到”的最佳频率范围是1000到10000兆赫，此时的本底噪音最小，所以“外星人”可能会利用这个波段作为“微波窗口”与我们进行星际互动。如果想要探索其他星球的信息，应该选择以光速进行传播的电磁波。令人遗憾的是，所有这些努力似乎都徒劳无功，我们并没有接收到任何可以确认为地外星球传递出的与生命相关的消息。

图书在版编目（CIP）数据

通俗天文学 / (美) 西蒙 · 纽康著 ; 陈子鹏译 . --
天津 : 天津科学技术出版社 , 2020.6（2021.6 重印）
ISBN 978-7-5576-7566-0

Ⅰ . ①通… Ⅱ . ①西… ②陈… Ⅲ . ①天文学 – 普及
读物 Ⅳ . ① P1-49

中国版本图书馆 CIP 数据核字 (2020) 第 094223 号

通俗天文学
TONGSU TIANWENXUE

责任编辑：马　悦
责任印制：兰　毅
出　　版：天津出版传媒集团 / 天津科学技术出版社
地　　址：天津市西康路 35 号
邮　　编：300051
电　　话：（022）23332490
网　　址：www.tjkjcbs.com.cn
发　　行：新华书店经销
印　　刷：天津中印联印务有限公司

开本 787 × 1092　1/16　印张 20　字数 230 000
2021 年 6 月第 1 版第 2 次印刷
定价：49.90 元